SRE 工作現場直擊

維運起點 × 實戰經驗 × 職涯規劃面面觀

êng gān)
承彦 (Sean Iáp)　著

U0096026

入門SRE的經典必讀

深入淺出SRE的生活、技術與職涯選擇

深入淺出	實戰經驗	流暢敘事	職涯建議
內容直觀易懂 人人都能輕鬆理解	業界第一手的 運作模式與真實案例	事件前因後果清楚 輕鬆代入技術場景	以 SRE 做為職涯選項時 需具備的能力和心態

2023
iThome鐵人賽
冠軍

iThome
鐵人賽

作　　者：葉承彥
責任編輯：林楷倫

董 事 長：曾梓翔
總 編 輯：陳錦輝

出　　版：博碩文化股份有限公司
地　　址：221 新北市汐止區新台五路一段 112 號 10 樓 A 棟
　　　　　電話 (02) 2696-2869　傳真 (02) 2696-2867

發　　行：博碩文化股份有限公司
郵撥帳號：17484299　戶名：博碩文化股份有限公司
博碩網站：http://www.drmaster.com.tw
讀者服務信箱：dr26962869@gmail.com
訂購服務專線：(02) 2696-2869 分機 238、519
（週一至週五 09:30 ～ 12:00；13:30 ～ 17:00）

版　　次：2024 年 8 月初版一刷

建議零售價：新台幣 600 元
I S B N：978-626-333-934-7
律師顧問：鳴權法律事務所 陳曉鳴律師

本書如有破損或裝訂錯誤，請寄回本公司更換

國家圖書館出版品預行編目資料

SRE 工作現場直擊！：維運起點 x 實戰經驗 x
職涯規劃面面觀 / 葉承彥著 . -- 初版 . -- 新
北市：博碩文化股份有限公司，2024.08
　　面；　公分 -- (iThome鐵人賽系列書)

ISBN 978-626-333-934-7(平裝)

1.CST: 電腦工程 2.CST: 系統管理

312.121　　　　　　　　　　　113011394

Printed in Taiwan

博 碩 粉 絲 團

歡迎團體訂購，另有優惠，請洽服務專線
(02) 2696-2869 分機 238、519

擁抱 SRE 思維

SRE 的工作在台灣經常被稱為維運,也就是如何確保系統 7*24 小時不中斷。而這份工作,經常被軟體工程師們視為苦工,因為經常得半夜被電話叫醒,然後在 1 分鐘內清醒,5 分鐘內坐在電腦前,用最短的時間將問題排除。

資訊系統每掛掉一分鐘,公司都得承受一分鐘的損失,2022 年 4 月份,全球知名的軟體開發管理系統 Jira 當機,足足花了 14 天才恢復,2024 年 7 月,網路安全公司 CrowdStrike 更新程式,造成 800 萬台使用微軟作業系統的電腦無法使用。這些出錯的時間,公司與客戶都在承受大量的損失。而這都只是系統維運的冰山一角,SRE 工程師的 KPI 經常都是跟系統可用性有關的指標,壓力之大,怕是許多工程師難以想像的。

近幾年 SRE 的知識與工具愈來愈多,讓過往很多維運工作能更自動化與智慧的被處理,SRE 工程師找到可以大幅減少晚上被叫醒,或者需要在超短時間內處理問題的狀況。但我建議所有工程師,不論你是不是 SRE,其實你都需要具備 SRE 的思維,因為在小團隊中,沒有專責的 SRE 時,你得自己搞定這些問題,而在大團隊中,你也得清楚,哪些問題可能會導致後續的維運問題,以及出現錯誤時,你可以如何快速找到問題,修復問題,並防止下次再發生錯誤。

這本書做為 SRE 初心者或有些經驗的工程師來說都會有所收穫，書中引用的案例通用性高，作者對情境與程序的描述也清楚具體，如果你正在苦惱不知如何開始了解 SRE，我想這會是一本合適的入門書籍，在此推薦給各位。

商業思維學院

游舒帆 (Gipi) 院長

2024-08-14

換個 Design for Ops 的腦袋

全球都在享用 Google 首屈一指的線上服務群，但直到他們在 2016 年出版了 Site Reliability Engineering 一書，世人才第一次全面認識到該如何支持這種深度廣度的系統維運。

全球性線上服務系統，規模與複雜度遽增，只靠傳統的人力或獸力是無法長久維運下去的。面對這問題，擁有第一流軟體研發能量的 Google，大膽拋開傳統作法，改從一個獨特的提問出發：「如果我們賦予軟體研發工程師一個任務，讓他們有機會從頭去設計維運系統，那會是什麼模樣？」

更進一步的提問是：「如果我們限制他們最多只能投入 50% 的時間在維運上，那會是怎麼樣的工作方式？」

從這角度出發，便是目前我們現在看到的 SRE。

SRE 的日常，一部分是演繹法，試圖以堅實的軟體工程技術出發，去解決傳統維運僅靠人力獸力導致的低效與無趣。於是乎，我們看到許多從 SRE 角度發展出來的觀念、原則、流程與實踐。

SRE 的日常，另一部分則是歸納法，試圖從一次次棘手難堪的出包事件出發，透過鍥而不捨的毅力與求知慾，將系統改善得更強韌。要做到這一點並不容易，「不究責文化」更是重要的土壤。

演繹法的 SRE 資料已經很多了，說教意味濃厚的甚至帶給人距離感；歸納法的 SRE 資料則非常稀少。這也是《SRE 工作現場直擊》這本書令人驚艷之處：接地氣的實務案例，彷彿在看一本故事書。尤其對於曾經身處同一產業的我來說，字字句句真的都是 SRE 血淚心得。

我鼓勵你，邊看這本書，邊設想：換做是你，會如何面對這些事件？又會如何以 SRE 角度去改善系統，以避免問題、及早偵測問題、讓系統用最有效率的方式復歸？

好好思考這些，design for ops，將提高你的系統架構實力。

敏捷魔藥師

葉秉哲 (William Yeh)

2024-08-14

前言

SRE 到底在做什麼？

本書源自於筆者參與鐵人賽的系列文章，最初是為了幫助對 SRE 感興趣的工程師，但同時也是想寫給一年多前剛轉職為工程師時，那個徬徨的自己。

筆者是一位半路出家的工程師，曾加入業界的後端工程師培訓班。在學習過程中發現對於架構設計的興趣，因緣際會下找到了 SRE 做為第一份工作。

然而，在入職之前及初期，其實筆者歷經了一小段時間的知識焦慮。「SRE 到底在做什麼？我又該如何準備所需的工具？」諸如此類的問題不斷在腦海中徘徊不散。

此外，實際工作一段時間後，偶然與一些開發工程師聊天時，才發現他們對於 SRE 這個職位其實有很大的興趣，只是不知道應該從什麼地方下手。

本書就是寫給像這樣子的人的。

本書整合了筆者作為 SRE 一年多以來的經驗，描繪出一名 SRE 的日常工作與生活，並透過實際具體的案例來解釋做為 SRE 可能會遇到的挑戰與困難。除了讓讀者更瞭解維運工程師的工作內容之外，也會提供轉職或職涯上的參考給實際對該工作有興趣的人。

這本書可以學到什麼

SRE 是本書的重點，而實際內容將完全以筆者在公司 1 年多的實戰經驗來做為分享的核心。因為是實戰經驗，因此會以實際案例來作為每個篇章的主題。

實戰經驗的好處在於不會淪為紙上談兵，因此筆者可以確保讀者所收到的資訊都是實際業界可能面臨到的狀況；壞處則是無法囊括所有與 SRE 有關的狀況，比如筆者實際上是處理全雲端的機房，因此完全沒有地端機房的維運經驗；此外全雲端實際上也只有使用「亞馬遜網路服務公司」（Amazon Web Service，簡稱 AWS），並沒有使用到另外兩個也相當常見的「Google 雲端平台（Google Cloud Platform，簡稱 GCP）」以及「Microsoft Azure（簡稱 Azure）」。

不過讀者也不用太擔心會因此錯過 SRE 的必要知識。實際上，SRE 本來就是屬於工具非常發散的職業。所謂的「工具非常發散」，就是在指說同時有好幾個工具可以達到相同的目的，因此要學會所有工具是不太可能，也沒有必要的事情。

比如說，無論是 AWS、GCP、Azure 或甚至地端機房，本質上都是需要架設一個可以讓程式運行的空間。因此，雖然在本書會以筆者實際使用的 AWS 做為介紹重點，但在 AWS 上的維運生活，其實也不會與其它機房相去太遠。

本書將分為以下幾個單元，各自代表 SRE 這份工作的重要元素，而每個元素都會有數個實際案例可供參考。

- 監控系統：講解監控系統的設計原則，並透過實際的架構來說明在一般情況以及特殊情況下的設計，還有根據實際使用來進行改善的過程。

- 日常維運：介紹 SRE 日常可能參與到的維運工作，以數個案例來講解在沒有特殊情況或事件時，平常 SRE 可能需要定期執行的任務。

- 重大 P0 事件：解釋重大的系統事件與處理過程，透過案例來說明 SRE 可能會面對的緊急狀況以及實際可能的處置方式。

- 重要事件：說明那些因應特殊情境而交付予 SRE 的任務。通常會以專案形式出現，因此專案完成後就會結束，與日常維運有些許不同。

- SRE 的職涯建議：分享以 SRE 做為職涯選項時會需要具備的能力與心態。包含相關所需的技術能力，也會有工作一年以來筆者認為相當重要的心態與軟實力，以及做為 SRE 可以預期的未來職業發展選項。

我是誰？我為什麼要買這本書

誠如前述，這本書是寫給對 SRE 不熟悉，但對該工作有興趣的人。更精確而言，這本書主要是寫給已經對軟體工程領域有一些基礎知識，但想更進一步認識 SRE 實際工作內容的人。

因此，無論是剛進入這個領域，或是正在考慮進行職業轉換，這本書都會是一個值得參考的對象。透過具體的案例研究和實際的經驗分享，讀者能夠快速了解 SRE 的日常工作和挑戰，並獲得實際操作的信心。

另一方面，其實筆者在書寫的過程中也同時意識到，SRE 不僅是技術工作，更涉及到一系列複雜的問題解決技巧，以及如何在動態變化的環境中維持系統穩定和可靠性的能力。

因此，無論讀者目前職位為何，只要對於學習如何提高系統效能、確保服務的高可用性，或者是瞭解後端系統如何維持運作有興趣，這本書都能為你提供實際的見解和策略。

這本書怎麼讀

本書的架構設計讓讀者可以根據自己的需求和興趣選擇章節閱讀。每一個章節都是自成一格，圍繞一個中心主題展開。

因此，讀者可以按照章節的順序進行有系統的學習，但也可以根據當前的需求直接切入特定的單元。

SRE 是一個需要透過手上的有限資訊來分析出最佳可能答案的工作。誠如前述，因為本書每個章節都會以實際案例出發，描述實際遇到的狀況、處理的過程、最後的結果。

因此，建議讀者在閱讀的過程中，可以不定時地暫停並嘗試自己思考看看。想像自己在面對同樣的狀況時，可能會有什麼樣子的處理方式浮現在腦海，並與筆者實際的解決方式相互比較。

筆者所分享的實際處置並不一定是最好的方式，而最重要的仍然是希望讀者在這樣子的思考過程中，能夠更深入其境地理解做為一個 SRE，在解決問題上的思考邏輯和脈絡。

能不能給我一個對於 SRE 的簡短描述

SRE 的主要任務就是讓系統穩定運作。

為了達到這個目的，SRE 通常以更宏觀的視角來切入系統或整合架構，是個既需要廣泛技術也需要大量溝通能力的工作。此外，因為面對系統第一線的警報處置，SRE 也通常會更有持續改良與不斷精進的態度，而透過實際面對系統問題所累積起來的經驗，更是資深 SRE 最為珍貴且難以取代之處。

目錄

chapter 3 　**重大 P0 事件**

chapter 4 　**重要事件**

chapter 5 職涯建議

chapter 6 後記

Chapter

監控系統

監控系統（monitoring system）的建立是維運工作不可或缺的一環。在最理想的情況下，我們希望系統的運作不會發生任何問題，但這大概不會是現實中我們所能期待的狀況。因此建立可靠的監控系統，在系統發生問題的第一時間通知工程團隊處理，就會是比較理想的狀況。

此外，監控系統在廣義上也並不侷限於針對系統服務的可用性。比如說，定期需要更新的憑證或需要升級版本的服務，也都是監控重點之一；而針對系統花費的監控更是絕對不能忽略的內容。

本章節將講解監控系統的設計原則，並透過實際的架構來說明在一般或特殊情況下的設計，以及根據實際使用的狀況來進行改善的過程。

一 ｜ 監控系統概論

軟體的監控系統中通常會有三種需要被監控的目標，分別是系統日誌（log）、指標（metrics）、追蹤（traces）。在進入正式監控系統的介紹之前，值得花些時間釐清這幾個名詞的定義。

日誌（Log）

日誌是記錄事件發生時間和事件詳情的一種方式。在軟體開發中，日誌用來記錄軟體運行過程中的各種事件，比如使用者操作、系統錯誤訊息等等。

一般來說，我們可以透過日誌來協助釐清過去發生的具體事件或找出系統出錯的可能原因。以下面這個使用者登入的日誌為例：

```
2023-04-26 14:23:07 INFO User Login: User 'johndoe' logged in
successfully from IP address 192.168.1.5.
2023-04-26 14:24:12 ERROR User Login: Failed login attempt
for username 'janedoe' from IP address 192.168.1.9. Reason:
Incorrect password.
```

在該日誌中可以看到使用者「johndoe」在 2023 年 4 月 26 號下午 2 點多的時候透過 192.168.1.5 的 IP 登入，因為登入成功，因此等級為

「INFO（information）」；而另一個使用者「janedoe」則在一分鐘之後透過另一個 192.168.1.9 的 IP，因為密碼輸入錯誤而登入失敗，而登入失敗的日誌等級則是比較高的「ERROR」。

換句話來說，日誌就像是系統的日記，會記錄系統上發生的所有不同事件。想像我們系統的登入功能可能出現異常，那我們就可以透過鎖定特定時間內有出現 ERROR 等級或出現「Failed login attempt」的方式來找出實際發生的事件內容。

指標（Metrics）

指標是用來量化軟體系統各個方面的數據。它們提供了對系統性能和健康的即時狀況，比如系統的延遲狀況、資源利用率（CPU、記憶體使用量）、請求成功率等。這些指標常用於監控和提升系統效能，並可以在數據儀表板（dashboard）上視覺化展示，幫助管理者快速識別和解決問題。

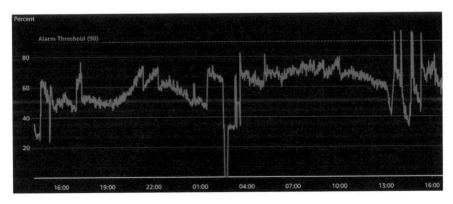

圖 1-1-1　服務 CPU 使用狀況

以圖 1-1-1 為例，該圖顯示了某服務的 CPU 使用率隨時間的上升與下降狀況。透過這樣視覺化的折線圖，我們可以一目瞭然地發現大約在 13:00-16:00 這段時間，似乎有出現 CPU 使用率過高的狀況，而大約 02:00-03:00 的時候，也有出現 CPU 使用率過低的狀況。

在圖 1-1-1 中，我們也可以看到一個 CPU 使用率為 90% 的警報（alarm）閾值（threshold）。閾值也俗稱是水線，通常是我們用來衡量系統狀況並要求系統做出各種回應的標準，比如設定系統在 CPU 使用率超過 90% 的時候送出警報給管理者或值班工程師來處理等等。

本書將會出現大量指標，而這也與 SRE 的日常工作息息相關。

追蹤（Traces）

在微服務開始興盛起來的年代裡，一個請求可能會經過各種不同的服務。這在尋找系統問題上形成了巨大的挑戰，因為難以輕易識別問題出現在哪一個服務裡面。

「追蹤」這個概念的出現，就是為了要解決這個問題。透過將單一請求經過的每一個服務或節點的狀況，按照順序排列出來的方式，來釐清問題發生的具體位置。

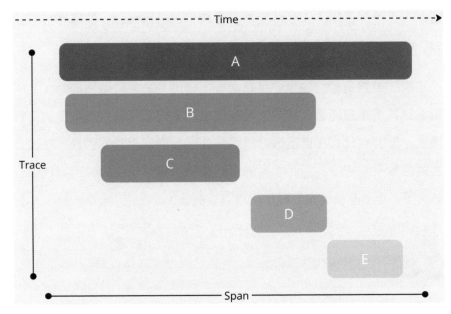

圖 1-1-2　Trace 的其中一種呈現方式

圖 1-1-2 呈現了 Trace 的其中一種設計方式。從使用者對系統發出請求到獲得系統回應的整個過程中，在系統內部會經過許多不同的步驟，這每一個步驟都是一個會花費時間的 Span（比如圖中就有 5 個 Span），而一個 Trace 則呈現了這些 Span 各自的排列或因果關係。

以使用者登入的請求為例，在使用者輸入帳密並送出，一直到登入成功的過程中，可能會歷經帳密的初步驗證（避免使用者亂輸入而消耗系統效能，或阻止駭客攻擊）、系統向第三方服務取得使用者身份驗證、系統向資料庫確認使用者帳密有效性等等。這每一步都是一個 Span，而 Trace 就是要協助釐清在問題出現的時候，具體上是哪一個 Span 出現問題。

藉此，工程師可以深入了解請求在系統中的精確路徑，並識別性能瓶頸（bottleneck）或具體的故障地點。

「追蹤」雖然是監控的重要目標之一，但因為是相對新穎的概念，故相對日誌或指標而言，實際應用在產品面上的公司還是比較少的。實際上，筆者也只有在自己學習的過程中有接觸到相關的工具，在工作上則是幾乎沒有的，因此本書的實戰經驗中雖然或多或少可以找到一些影子，但並不會非常具體地呈現這個概念。

 知識補充站

「微服務」（microservices）是一種系統架構的風格，相對於以一個整體（monolithic）來設計的方式，這種設計將一個大服務分解成數個不同小型服務，每個服務運行在自己的進程中，並透過輕量級的機制（通常是 HTTP）進行通信。

這些服務圍繞業務功能構建，可以獨立部署、擴展和更新。這解決了過去大型服務在開發和維護上的笨重和緩慢問題，並增加了模組化服務更多的彈性與「重複使用」的功能。不過因為架構變得相對複雜，因此在問題搜尋上也會更困難一些。

以「登入系統」為例，如果放在一個大型系統中，則在單獨更新登入功能時，會因為要進行整個系統的部署而相對麻煩，但設計成微服務，功能更新就會相對簡單，而且服務本身也給不同的其它服務串接使用，而不侷限於原本的大型系統。

二 | 基本監控系統

所謂的基本監控系統，是指説不管在哪一個專案上面都會廣泛套用的監控方式。實際上，在敝公司裡面有好幾個大型專案，雖然各自會有因為業務不同而開發出來的監控系統，但在那之前，一定會先有一套基本的監控系統。

服務可用性監控

服務可用性監控是針對系統的穩定性以及可用狀況來監控的。換句話說，在系統發生異常，導致使用者連線速度下降，或甚至是無法使用的時候，這一套監控系統就應該要有辦法及時通知工程團隊，並提供相關細節以利後續處置。

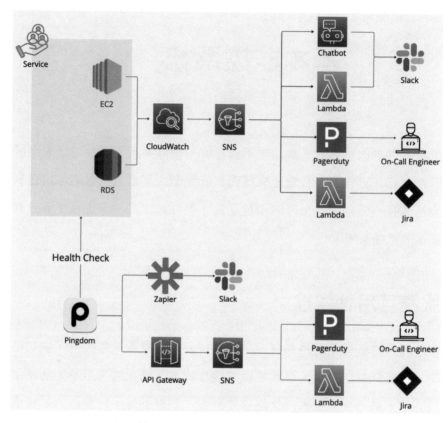

圖 1-2-1　服務可用性監控架構

如圖 1-2-1，在左上角 Service 的地方是我們主要服務所在的位置（全部在 AWS 雲端）。整套監控系統主要分成兩個部分，分別是內部的監控和外部的監控。

在內部的監控部分，我們透過 AWS 原生的 Amazon CloudWatch（CloudWatch）來監控各類伺服器的使用狀況，比如 API 伺服器（Amazon Elastic Compute Cloud (EC2)、Amazon Elastic Container

Service (ECS)）或資料庫伺服器（Amazon Relational Database Service (RDS)）的 CPU 使用量，在異常（比如 CPU 使用率大於 90%）的時候，透過訊息派發服務（Amazon Simple Notification Service (SNS)）來將告警訊息傳給指定的對象。

在外部的監控部分，我們透過 Pingdom 這個服務來定期存取我們想要監控的網站或 API，可以理解為是模擬實際使用者存取的狀況。而在無法存取的時候（相當於是網站或 API 已經無法使用的時候），同樣透過各種方式來將告警訊息傳給指定的對象。

換個說法來講，如果收到的是內部的監控告警，通常不一定會影響到服務本身的可用性，但如果收到來自外部的監控告警（Pingdom DOWN），則代表服務本身已經無法使用。因此後者通常會是比較嚴重的狀況。

讀者也許會疑惑，既然內部監控告警與服務本身的可用性沒有直接關聯，那為什麼還要監控呢？該類型監控最重要之處，在於可以提供「更即時」的警報以及「更詳細」的內容。

比如說，當資料庫因為 CPU 使用量過高而導致系統無法使用之前，我們通常可以先透過資料庫的 CPU 使用量大於 90% 的警報，在系統實際無法使用之前先發現系統的異常狀況。此外，我們也同時可以知道，系統這次無法使用的狀況，是來自於資料庫的異常，而非其它伺服器的異常狀況。

從另一個角度來看，由於系統的複雜性，也有可能發生內部監控沒有發覺，但外部使用者已經無法存取的狀況（這部分將第三章〈重大 P0 事件〉中有更詳細的實際案例分享）。因此，透過從外部直接存取的方式來監控也有其必要性。

延續架構設計的說明，在監控到異常並透過 SNS 派送訊息出來後，實際會把訊息指派出去的對象有三個，首先會透過 PagerDuty 來叫醒值班工程師，同時把告警訊息透過 Lamda 或 Chatbot 來傳到 Slack，最後再把該告警的詳細內容透過另一支 Lambda 來記錄於 Jira 上以供後續內部討論。

值班工程師必須要在五分鐘內有明確的動作，否則就有可能驚動另一個專門與客戶接洽的團隊。這邊補充一點背景，因為我們是 B2B 的產品，所以我們主要面對的不是實際使用者，而是另一個公司。因此我們也同時建立了一群專門與他們直接接洽的團隊。

知識補充站

Amazon CloudWatch (CloudWatch)：AWS 原生的監控服務

Amazon Elastic Compute Cloud (EC2)：雲端虛擬伺服器服務

Amazon Elastic Container Service (ECS)：運行容器化服務的伺服器服務

Amazon Relational Database Service (RDS)：簡化關聯性資料庫設定、操作和擴展的服務

Amazon Simple Notification Service (SNS)：訊息派送服務

AWS Lambda (Lambda)：協助運行程式而無需管理伺服器（Serverless，也稱無伺服器）的服務

AWS Chatbot (Chatbot)：結合 AWS 服務的聊天機器人，可透過 Slack 等平台發送警報和自動化命令

Pingdom：一個網站性能和可用性監控工具的產品

PagerDuty：事件管理和警報通知平台的產品

Jira：廣泛用於軟體開發流程的專案管理和問題追蹤工具

維護、更新、升級的監控

第二種監控的內容是系統服務的定期任務，包含定期維護、更新以及升級等等。這種監控不像第一種監控有其急迫性，但因為仍然有可能導致系統無法運作的結果，因此仍有其必要性。

由於敝公司的服務幾乎全部都架設在 AWS 上面，因此這個類型的監控目標最常發生在 AWS 的某個服務因為安全性因素故需要更新，而因為

更新的實際內容就是重新開機，因此需要排定服務可中斷的時間來進行相關作業。不過，也會有其它比如 TLS 憑證定期更新，或是某些私鑰需要定期更換（rotate）的工作。

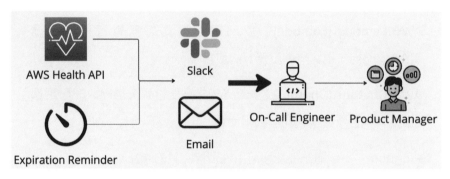

圖 1-2-2　服務維護與過期通知系統

如圖 1-2-2，針對 AWS 的服務，我們透過 AWS Health API（AHA），而針對比如 TLS 憑證的其它服務，我們則透過第三方服務 Expiration Reminder 來確認相關通知，並透過與 Slack 串接或是寄信的方式來通知值班工程師。值班工程師會把相關資訊傳達給產品經理後，請產品經理協助與客戶協調升級和維護的時間。

值得一提的是，雖然這些升級看起來微不足到，但因為數量繁雜，所以也不太好處理。有時候也會遇到一些大規模的升級要求或因為服務的生命終止（End of Live(EOL)）而導致的搬遷（Migration）要求。這些筆者也會在第四章〈重要事件〉第三節〈OpsWorks EOL & ECS Migration〉和第四節〈資料庫 Migration〉中再向讀者說明實際案例。

知識補充站

TLS（SSL 的後繼版本）憑證是一種證書，用於在網際網路通訊中確保資料的安全傳輸。如今受驗證的網站都以 HTTPS 而非 HTTP 開頭，這裡所多出來的 S 代表連線有經過加密，且通常就是透過 TLS 憑證來完成這件事情，而該憑證需要定期更新來確保網站安全性。

系統花費監控

第三種監控的內容是針對系統目前花費的監控。事實上，從公司的角度來看，也許這才是最重要的監控也説不定。畢竟無論系統再怎麼穩定，如果最終產品無法賺錢的話，那就跟公司最初的目標背道而馳了。

圖 1-2-3　帳單監控系統

如圖 1-2-3，這裡的架構與圖 1-2-2 其實是相去不遠的。我們同樣有一個專門用來計帳的服務，而在 AWS 中就被稱之為是 AWS Billing Console。該計帳內容透過 CloudWatch 來建立監控機制，而在花費超過水線的時候，就會透過 SNS 來通知負責該專案的工程團隊主管。

知識補充站

AWS Billing Console：用於查看和管理 AWS 費用和用量的網路介面。

三 | 系統警報概論

監控系統的設立必然要帶到警報觸發時的後續行動，因此對應警報的設計就相當重要。這節將會針對警報設計時的各種考量做比較詳細的說明。

警報分類

我們的警報按照嚴重程度，主要分成 P0、P1、P2 和 normal 這 4 種等級（所謂的 P 是優先程度 (priority) 的意思）。每個等級都有一個對應的 Slack 頻道來接收訊息。

這些警報頻道，各自的設計邏輯如下：

- **P0**：值班工程師需要在 5 分鐘內有所行動的警報，比如 Pingdom DOWN 就屬於這類。這也是唯一觸發時會透過 PagerDuty 來呼叫值班工程師的警報等級。

- **P1**：負責該專案的工程師在上班時間內需要關心的警報，比如單一伺服器有發生 CPU 過高但尚未影響服務可用性的狀況；或蒐集日誌的伺服器發生硬碟被佔滿的狀況。

- **P2**：負責該專案的工程師如果有空可以稍微關心一下的警報，如果我們覺得這個警報不應該完全被忽略，但也不是上班時就要馬上處理的警報，就會先放到這裡再觀察看看。

- **normal**：單純紀錄系統各種行動的訊息蒐集頻道，比如伺服器因為流量提升而自動擴展的訊息。

知識補充站

自動擴展（Auto-Scaling）：根據特別標準來自動增加或減少伺服器的一種系統設計。比如說，在離峰時期使用比較少的伺服器，並在尖峰時期使用比較多的伺服器，再透過當下所收到的流量來計算出適合的伺服器數量。

這是一種可以充份使用伺服器，同時既能維持效能又可以省錢的方式。但這種設計通常只適用雲端，而不適用伺服器數量固定的地端機房。此外，設計符合系統的自動擴展邏輯相對困難，比如有時候突發性的高流量就可能導致自動擴展來不及加開足夠的伺服器。這部分會在第二章〈日常維運〉第一章〈棒球賽〉中有更詳細的案例分享。

警報處理

圖 1-3-1　P0 警報訊息範例

圖 1-3-1 為一個 P0 警報的範例，在該警報中，我們的其中一台資料庫
伺服器發生了 CPU 使用率大於 90% 的狀況，可以在下面看到，我們
盡責的值班工程師在 1 分鐘內就已經回報「正在查看」（Checking）的
訊息。

一般而言，值班工程師本人在處理完系統問題並確認回歸正常後，只
要在頻道中告知大家即可。但有些時候會發生嚴重影響服務，且無法
馬上處理的狀況。這個時候我們就會將 P0 警報升級為「 P0 事件」。

在一個 P0 事件中，會由值班的維運產品經理（Operation Product Manager(OPM)）主持這個緊急會議。值班的 SRE 工程師在處理問題的同時，OPM 會負責協調整個處理流程，比如協助聯繫客戶和其他工程師，並負責各種資訊的傳達等等。

從筆者的角度來看，OPM 在緊急會議當下要做的事情不只繁雜，還可能要在理解技術問題之後，透過不同的語言來進行資訊的傳遞，也實在是相當不容易。

而我們身為 SRE，或也可以說是當下專門負責技術問題的工程師，可以的話也會盡可能用比較簡單的方式來解釋系統狀況，避開難以理解的詞彙來讓 OPM 能夠正確傳達資訊。

但筆者也有遇過資訊實在太過複雜，導致必須跳過 OPM，直接與客戶口頭解釋的狀況。這部分也會在第三章〈重大 P0 事件〉第一節〈倒站又不倒站〉中再與大家分享。

警報設計

因為發生 P0 警報或事件的當下，通常會處於非常混亂的狀況，因此一開始在設計相關警報的時候，通常我們就會盡可能去遵循某些原則，

來幫助值班工程師釐清當下的狀況。

比如說，在設置警報的時候，我們一定會先詢問以下兩個問題：

1. 在警報發生的當下，值班工程師應該要做什麼？

2. 值班工程師要做的事情，是否足夠簡單明確？

就第一點而言，如果一個警報在觸發之後，值班工程師根本就沒有事情可以做，那顯然就沒有設置該警報的需要。比如在有自動擴展的前提下，如果針對單一伺服器設置警報，那值班工程師能夠做的也就只有等待自動擴展去新增新的機器而已。

就第二點而言，在觸發之後，因為後續行動太過複雜而導致值班工程師其實無力完成，或容易出錯的話，那我們也應該要盡可能簡化流程。這邊的狀況通常是在說，某些客製化的功能因為太過複雜而需要開發該功能的工程師團隊協助才能處理。

但 SRE 團隊做為第一線的處理團隊，有時候也可以稍微協助做一些初步的問題排查。這時候我們 SRE 就可能會需要對方提供比較簡單的工具來協助讓我們在出事的時候使用，而該工具不能因為太複雜而難以操作，導致最後我們還是需要請對方團隊處理。

總而言之，這一連串的警報設定，主要的目的還是希望盡可能避免工程師人力的浪費，希望工程師能夠把時間花在真正能發揮價值的地方。事實上，我們也有針對這些警報的設定去做過一系列的調整，這部分則會在第三章〈重大 P0 事件〉第五節〈滾動式的進步永動機〉中有更詳細的說明。

筆者誓誓唸（se'h-se'h-liām）

值得一提的是，筆者做為一個超級菜鳥剛進公司的時候，才第二週就因為不小心誤觸警鈴而被另一個團隊的主管電翻。當時還以為馬上就要待不下去了 XD。現在回想起來，真的還是非常感謝自己團隊的主管與同事們的包容。

雖然讀者看到現在，也許會覺得接 P0 警報實在是一件有夠恐怖的事情，尤其在夜深人靜，只有一個人在默默處理看不懂發生什麼問題的警報之際，這種感覺特別嚴重。

但實際上，筆者做到現在大概一年多，還是覺得 SRE 是一份非常有趣的工作。希望在接下來的文章中，能夠成功地傳達它有趣和吸引人的地方給讀者們。

四 | 特別監控系統 1 第三方服務監控

基本監控系統適用於所有專案，但各專案仍然會有因應自己的狀況而開發的特別監控系統。這一節將介紹筆者所負責的專案中，關於第三方服務監控的調整輕驗。

背景故事

背景故事其實相當單純，我們的系統在登入功能上是串接了客戶的服務。更具體而言，我們的服務透過呼叫客戶的一個透過「API Gateway（APIGW）」開放的系統，來驗證使用者的身份並同時完成使用者的登入行為。

換個說法來講，如果今天客戶的系統出現了問題，那我們服務上面的使用者就會無法登入。為了快速排查問題，我們有必要對客戶的系統進行監控以利我們在問題發生的時候快速釐清事發原因是我們還是客戶的問題。而我們原本的監控系統是針對自身 AWS 帳號裡面的資源，因此就無法直接套用在該狀況中。

然而，我們一開始使用的監控方式被客戶給否決了，因此我們必須建置一個新的監控系統，在符合客戶預期的同時也要有辦法達成當初監控的需求，才能取代舊的監控系統。

知識補充站

API Gateway：是一種介於服務與外界的中介系統，通常用於開放
服務給外界使用，並同時對流量進行相對應的管理和保護。在我們
的例子中，客戶透過 API Gateway 來開放了他們的使用者登入功能
給我們。

監控調整

舊監控系統

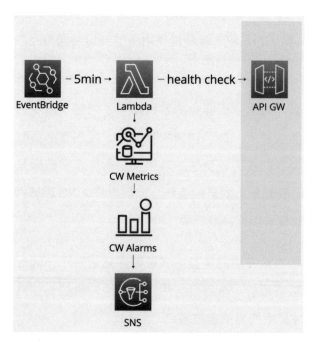

圖 1-4-1　舊版第三方服務監控系統

在圖 1-4-1 中，右邊是客戶的系統，並透過 APIGW 的一個端點
（endpoint）來對外開放。左半邊是我們舊的監控系統，該系統透
過 Lambda 來針對 APIGW 進行健康度檢查（health check），並透過
Amazon EventBridge 來每 5 分鐘觸發一次檢查機制。同時我們也會把
健康檢查的狀況定期傳送到 CloudWatch 做成 Metrics。

假設我們檢查到無法存取 (APIGW 壞掉) 的狀況，CloudWatch Metrics
就會出現異常的訊息，我們再透過 CloudWatch Alarm 來把訊息轉發給
SNS。後面就遵循第一章〈監控系統〉第二節〈基本監控系統〉中有
講過的，基本監控系統後面的老路。

至於這個監控系統為什麼不被客戶接受呢？主要是因為他們不希望有
一種被監控的感覺。雖然我們也曾經試圖提出降低頻率（每十分鐘監
控一次）的請求，但最後還是被全盤否決了。

無論這個請求是否合理，也許客戶有一些自己的考量，但因為這是客
戶的要求，我們就必須想出一個替代性的解決方案來處理這個問題。

 知識補充站

Amazon EventBridge：是一個可以用來連接不同資源的服務，也
可以透過定義特定規則來觸發事件。常用來簡化事件驅動（Event
Driven）的架構設計。

調整邏輯

這邊的思考邏輯是這樣，客戶的要求是希望我們不要以監控為目的，來主動向他們的服務發出請求，但是日常串接上所發出的請求是完全沒有任何問題的。因此我們就必須從後者，也就是已經存在的串接上面去下手。

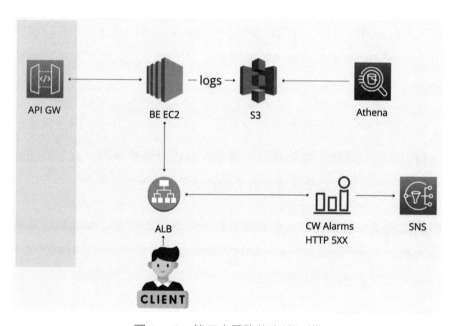

圖 1-4-2　第三方服務的串接架構

如圖 1-4-2，一般的使用者如果要登入，前端伺服器（圖中的 CLIENT）會透過 AWS Application Load Balancer（ALB）（當然有經過 DNS Routing）來存取後端 EC2，該 EC2 會再向 APIGW 發出請求，成功驗證後使用者就可以正常登入。

與此同時，EC2 的所有日誌都會再存到 Amazon Simple Storage Service（S3）中，並做成 Amazon Athena（Athena）Table 供未來的問題排查。

另外，在基本監控系統裡面，本來就已經針對 ALB 本身有監控。當我們的 ALB 回應過多數量的 5XX HTTP Status Code 時，就會觸發警報。

以圖 1-4-2 的架構為基礎，我們做出了如圖 1-4-3 的監控系統：

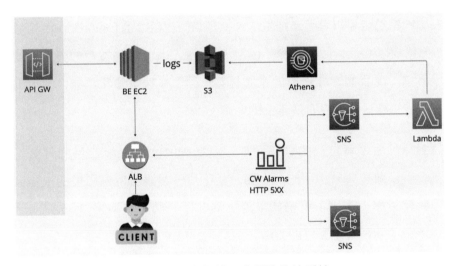

圖 1-4-3　新版第三方服務監控系統

與圖 1-4-2 相比，不同之處是 CloudWatch Alarm 在觸發後，多了一個 SNS 的訊息傳遞對象，接上 Lambda 後，會對已經建立好的 Athena Table 下一組 Athena Query。

我們請後端工程師協助修改程式，在 APIGW 出問題的時候，把相關的日誌傳到 S3 保存。前面提到的 Athena Query，就是用來判斷 APIGW 是否出問題的指令。假設下完指令後發現的確有問題，該 Lambda 就會再把訊息傳出去，協助值班工程師判斷現在的系統狀況。

而整個監控系統的觸發有一個大前提，就是 5XX HTTP Status Code 的警報要先觸發。因為我們預期 APIGW 出問題而導致無法登入的時候，後端伺服器會吐出大量的 5XX 錯誤訊息。

在這裡當然也可以有另一種做法，就是我們一樣透過 EventBridge 來每 5 分鐘要求 Lambda 下指令。因為 Athena Query 根據搜尋的資料範圍來計價，而我們存放所有的系統日誌，因此在搜尋量非常龐大的情況之下，這樣做顯然會有成本上的疑慮。

題外話，就筆者自己的認知而言，因為 Athena Query 的目的其實是為了事後做資料分析用的，一開始就不是一個適合用來監控的服務。因此就架構上來講，這邊如果請後端在程式面直接串接 CloudWatch Metrics，可能會是更好的方法。

但在現有的架構上，我們當初就是設計把日誌全部從 EC2 傳到 S3 的前提之下，我們最終還是選擇了一個不要與原本架構差異太大的方式。我們可以用圖 1-4-4：

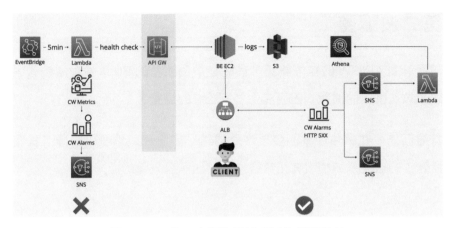

圖 1-4-4　第三方服務監控系統的新舊比較

知識補充站

AWS Application Load Balancer（ALB）：提供負載均衡的服務。
當我們使用多個伺服器來支撐大流量後，需要在這些伺服器前方置
放一個中間層來分配流量，來避免流量都被導入特定伺服器並造成
其負載過重。這個分配流量被稱之為負載均衡（Load Balancing）。

Amazon Simple Storage Service（S3）：一個可擴展的雲端儲
存服務。在我們的例子中就用來存放系統日誌。通常會以一個 S3
Bucket 做為單位來存放。

Amazon Athena（Athena）：可以用來查詢並分析 S3 資料的服
務。在我們的例子中，用來分析存放在 S3 的系統日誌。

5XX HTTP Status Code：表示伺服器發生問題而無法回應客戶端
的代號。

第二波調整

前面針對 APIGW 的監控修正，最終在某個緊急的 P0 事件會議中，發現了該次修正的問題，因而產生了第二波的調整。

具體而言，在事件中我們發現客戶的第三方服務雖然發生故障，我們所建立的監控系統卻沒有正常運作並發送系統故障的通知。

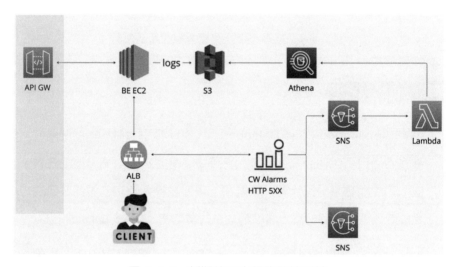

圖 1-4-5　新版第三方服務監控系統

圖 1-4-5 的內容與圖 1-4-2 完全相同，讓我們再回顧一次這個監控系統。該監控系統的觸發條件為 5XX HTTP Status Code 要上升到超過異常的數量等級，而在事件的當下，實際上跟本沒有符合這個標準。

這是完全預料之外的狀況，而在經過一連串的確認之後，才發現因為後端在這一支 API 上使用的技術是 GraphQL，而非一開始預期的

RESTful。因此，即使在 APIGW 發生問題的狀況之下，後端也是回傳 200 的 HTTP Status Code。

解決方案

既然這邊已經確認問題，那接下來就是思考應該怎麼修正目前的監控系統了。

首先最直觀的做法，在上一小節也有提到，就是透過 EventBridge 來每 5 分鐘觸發一次 Lambda。而這個做法最大的問題，就是成本實在太過高昂。那接下來的思考就會是，有沒有什麼辦法能夠降低這邊的成本呢？

我們可以再來細究一下成本高昂的原因，成本主要根據 Athena Query 本身要掃描過的資料範圍。成本高昂是因為我們的系統日誌資料非常龐大，那有沒有辦法降低我們掃描的資料範圍呢？

因此在這邊我們得到了一個新的解方，就是請後端工程師特別將「APIGW 無法存取」這個類型的日誌分離出來，用一個獨立的 S3 Bucket 來存放。這樣我們在掃描資料的時候就可以獨立掃描這個部分的資料，因為資料本身相對於系統日誌一定會少非常多，就可以解決成本高昂的問題了。

我們可以依據這個設計來畫出如圖 1-4-6 的監控架構圖。

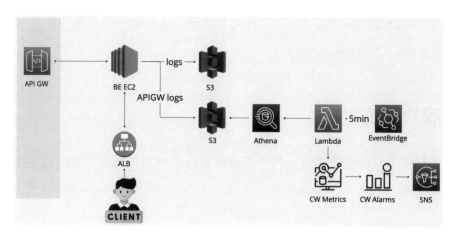

圖 1-4-6　透過區分 S3 存放日誌來建立的第三方服務監控系統

然而，有沒有辦法再進一步節省成本呢？因為 APIGW 無法存取的狀況相對少見，因此其日誌量實際上非常稀少，發生的頻率甚至遠超過 5 分鐘。換句話來講，我們可能要掃描很多次才會有一筆資料，而每次的無效掃描都會是成本的浪費。

因此，我們也思考透過 S3 Event Notification，也就是事件驅動（Event Trigger）的方式來觸發 Lambda。當然在這個狀況下的 Lambda 就不是執行 Athena Query，而是直接把拿到的資料做成 CloudWatch Metrics 了。

後話

針對一個監控系統的做法可以是很多元的，這完全取決於當下的狀況來去判斷，事實上在最一開始的討論中，也曾經有想過在 APIGW 以及

BE EC2 中間加一層伺服器。跟 APIGW 有關的錯誤就在該伺服器中處理即可。

這對後端工程師來說自然是利多，因為他們可能從頭到尾只要修改 endpoint 的名字就可以了。不過在整體權衡之後，要維護一個新伺服器的成本實在太高，比如該伺服器如果壞掉的話，那也會直接影響到我們的服務。變成是我們還得要再多監控那個伺服器本人才行。因此最後就沒有採用這個方案。

而實際上，在書寫這篇文章的當下，我們甚至還沒有決定要使用哪個方式，因為這必須要在架構被部署到正式環境之後，再根據觀察到的日誌頻率，來確定我們要怎麼做。而且實際上，因為我們整個架構大翻新的關係，未來我們可能會選擇另一個負責收集日誌的方式，而到時候又會是一輪討論和修正。

另外一個值得一提的則是我們監控的空窗期。讀者應該可以發現，我們目前針對 APIGW 的監控系統因為其實無法被觸發，相當於是我們其實沒有任何的監控。而未來在日誌蒐集伺服器下架的那段時間，也可能會發生類似沒有監控的狀況。

因此，我們其實有嘗試著和產品經理討論，單純在這段空窗期上架舊監控系統的可能性。不過從產品經理的角度來看，因為這是被客戶明確拒絕的東西，因此可能也不是一個可以採用的解決方案。

筆者想分享的事情主要是，其實在建置監控系統的時候，我們不只從技術上會有各種考量和選擇，也會出現很多其他非技術的考量點。而

SRE 其實是一個會需要花費大量時間與不同團隊溝通的工作，這是如果對這份工作有興趣的人，一定要先知道並理解的事情。

知識補充站

RESTful：是一種設計 API 的風格。通常在這個設計原則中，如果系統發生問題，會回覆 5XX的 HTTP Status Code。

GraphQL：是另一種設計 API 的方式，可以讓前端比較有彈性地鎖定想要取得的數據。因其設計原則，在我們的例子中，即使系統發生問題也不會回覆 5XX 的 HTTP Status Code。

S3 Event Notification：是 Amazon S3 服務提供的一種功能，用於在 S3 Bucket 中事件觸發時有對應的活動。在我們的例子中，當 S3 Bucket 中的日誌檔案發生「新增」的事件時，S3 會觸發通知並將其發送到 AWS Lambda 來做出後續的處理。

五 | 特別監控系統 2 資料庫異常登入監控

上篇文章已經介紹了一個客製化的特別監控系統，這篇文章則會是另外一個，希望能夠藉由這 2 個系統，讓大家理解 SRE 是為了什麼而做監控。

這個監控系統主要是為了監控我們資料庫的異常存取行動，而這來自於該資料庫所屬專案想要導入 ISO 27001 的原因。關於 ISO 27001，因為在敝公司也是 SRE 的主要業務之一，因此比較細節的部分會在第四章〈重要事件〉第一節〈ISO 27001〉中再與大家分享。

知識補充站

ISO 27001：是一種規範系統符合某種特定安全標準的規定。

舉個例子，如果你去買了一個便當，當然你的目標是為了吃便當，但你也不希望你在吃完便當之後因為食材的衛生問題而拉肚子。假設現在有一個便當界的 ISO 27001，那符合該規範的便當就必須在製造過程符合一定的規範與標準，比如食材的衛生和便當盒子用料等等。

至於在我們系統上所導入的 ISO 27001，就會是遵循一套類似的標準。通過這套標準並不會讓使用者在使用上有什麼明顯的感受差異，但比較可以保證客戶在使用上的安全性。比如比較能保證使用者存放在資料庫的資料不容易被竊取等等。

監控選擇

ISO 27001 規定我們要針對資料庫的異常登入進行監控，在資料庫被攻擊或有任何異常行動的時候，才能夠有比較即時的應對措施。

經過與產品經理一連串的討論之後，我們決定的方案是，在資料庫使用者有異常登入的狀況時，先立刻關閉該使用者的存取權，等到上班時間再由相關的負責單位通知該帳號的使用者，確認該異常行動的發生成因以及接下來的對應措施。至於異常登入的定義則是 5 分鐘內有超過 10 次的登入失敗紀錄。

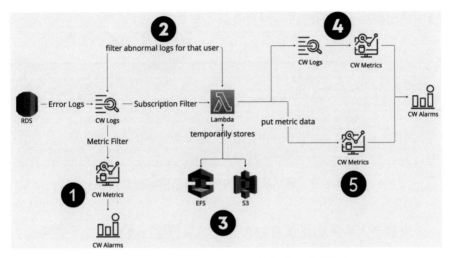

圖 1-5-1　資料庫異常登入的架構可能選項

從圖 1-5-1 中可以看到，這邊的架構設計至少有五種路線可以選擇。
我們所使用的資料庫是 Amazon RDS，因為使用者登入失敗的話，會
以錯誤日誌（Error Logs）的形式將登入失敗的資訊存在 CloudWatch
Logs 裡面，因此這邊的架構選擇，就會從 CloudWatch Logs 開始而有
所分歧。

只要有任何的錯誤日誌被觸發，就會啟動這個監控系統的機制。

第一條路，是透過 Metric Filter 的方式來直接建立 CloudWatch Metrics，
再透過 CloudWatch Alarm 來監控該 metrics 的異常狀況。這條路因為
最單純的關係，原本是最理想的選項，無奈因為無法順利抓出使用者
名字的關係而宣告失敗。

無法抓出使用者名稱的原因可參考圖 1-5-2：

圖 1-5-2　資料庫登入失敗的錯誤日誌訊息頁面

在使用者登入失敗的錯誤日誌裡面，顯示的使用者格式為「使用者名稱 @IP 地址」，我們可以透過空格來篩選出我們想要的東西，但因為這裡的使用者名稱與 IP 中間不是以「空格」切割，而是以「@」來切割，導致無法成功。

接下來的其它所有選擇，都是透過 Subscription Filter 來串接 Lambda，並在 Lambda 後面執行不同的加工方式。

因為 Lambda 每次的觸發都是獨立「無狀態的（stateless）」，但我們的需求是判斷是否達到「5 分鐘內登入失敗超過 10 次的標準」，因為每次登入失敗的觸發都要同時判斷之前登入失敗的狀況，因此是一個「有狀態的（stateful）」需求，所以我們要先想辦法解決這個問題。

第 2 條路的做法，是在每次觸發 Lambda 的時候，回去 CloudWatch Logs 裡面翻最近 5 分鐘內的錯誤日誌資料。在完成比較之後，如果符合異常登入的標準，那就會直接聯絡值班工程師來執行後續的行動。在這個解決方案中，登入失敗的狀態是存在 CloudWatch Logs 中的。

第 3 條路的做法，則是在觸發 Lambda 之後，把登入失敗的資料存放在 Amazon Elastic File System（EFS）或 S3 裡面。與上一條路類似，是透過比較之前的資料來判斷是否符合異常登入的標準。

第 4 條和第 5 條路都是將異常登入的狀態存放到另外一個 CloudWatch Metrics 中。不同之處在於，第 4 條路是根據 Lambda 本來就會產生的 CloudWatch Logs，來建立相對應的 CloudWatch Metrics(當然必須在 Lambda 中把想要的資訊印出來才行)；而第 5 條路則是直接透過 CloudWatch 的 API 來建立 CloudWatch Metrics。

我們最後認為第 5 條路是比較理想的選擇。一開始就先排除了第 2 條和第 3 條，因為我們希望監控本身不只是事件觸發而已，最好還能夠有 metrics 方便隨時查看異常登入的歷史資訊。優先選擇第 5 條路而非第 4 條路，單純只是因為第 5 條路在架構上比較簡明而已。

知識補充站

Metric Filter：一個 CloudWatch 功能，用於監控 CloudWatch Log 中的日誌，並根據特定模式創建 metrics。

Subscription Filter：將 CloudWatch Log 中的日誌傳輸到其他服務做後續處理，如 Lambda。

Amazon Elastic File System（EFS）：一個類似 S3 的雲端儲存服務，不過儲存格式與 S3 不同。

監控建置過程

雖然在前一段中，我們最後認為第 5 條路是比較理想的選擇，但實際上我們目前是先使用了第 2 條路的方式。這主要是因為在一開始建立監控系統的當下，我們還沒有能力根據 metrics 來動態產生 alarm。

會需要動態產生，是因為我們的資料庫使用者會隨著時間而改變。每個使用者都會是一個相對應的 metrics。如果我們在每次增減使用者的時候都手動增減與 metrics 相對應的 alarm，會耗費大量的人力成本。

不過這個問題，在我們公司一個非常厲害的資深前輩，開發出一套能夠動態根據 metrics 來產生 alarm 的系統後就解決了。

另外一個值得分享的事情則是，在 ISO 27001 被導入之前，其實我們的資料庫是使用同一組共用的帳號密碼來存取的。因此如果我們需要做到對單一使用者的異常登入監控，前置作業就會是先區分不同的使用者。

雖然這看似簡單，但在龐大而古老的系統面前，任何看似單純的改動都有可能發生意想不到的後果。因此在正式建立這個監控系統之前，我們其實也花了相當多的時間來達到充份的討論。

最後則是警報觸發後的行動。目前是由另外一個負責的團隊來接手警報觸發後的異常帳號關閉行動，但是這種單純的動作應該要有辦法透過一個自動化系統來處理才是更理想的。因此這套系統之後也會朝這個方向改善，而整套架構也許還會再有一些增加與修改。

筆者踅踅唸（se'h-se'h-liām）

在這邊筆者想分享給大家的，主要是這種客製化的監控系統，除了技術上的選擇之外，也可能會因為各種原因，而導致必須要先做出一個臨時而且不是那麼完美的版本，等到之後有時間的時候再將它修繕到完美。

這裡所遇到的非技術挑戰，會與上一個特別監控系統所遇到的挑戰截然不同。但無論是哪種挑戰，筆者都希望帶給大家一個重要的心態，就是 SRE 其實是一個會需要花費大量時間與不同團隊溝通的工作。有時候技術上的考量反而是比較次要的，相信讀者閱讀到這邊，應該也或多或少能夠理解這件事情吧？

Note

Chapter

2

日常維運

在一個相對穩定的系統中,雖然有良好的監控系統,但警報與 P0 事件都不是會天天發生的。

在架好監控系統後,SRE 要面對的大多還是日常維運相關的事務。

因此,此章節放在監控系統之後,向讀者分享 SRE 日常維運中的工作內容。這也會是本書中最大的一個章節,並一樣會圍繞著不同的事件,以實際筆者經歷過的工作為主題來介紹。

一 ｜ 棒球賽

日常維運的第一個主題會圍繞在棒球賽中，這也是筆者第一個接觸到的重要維運事件，除了有非常足夠的代表性之外，也因為棒球賽是每年都會開打的事件，因此這也完全屬於日常維運的任務之一。

筆者所負責的專案是一個服務客群主要是日本人的線上影音串流平台，而隨著日本棒球季開賽後，熱門棒球賽在開打的當下都會擁入大量的使用者，從而影響到我們伺服器的穩定度，因此針對這些賽事要有一些相對應的措施。

雖然從筆者的角度來說是棒球賽，但讀者也可以自行想像為是各種大型活動，比如電商可能會面對的促銷活動等等。

第一場賽事

事實上，一直到筆者寫下本書的當下，這個事件已經持續了接近兩年的時間了。其中包含了第一次事件的起頭，而在系統效能改善已經發揮顯著效果，我們正在逐漸淡忘該事件的時候，又發生了第二次看起來更為嚴重的事件。

因此，這個維運事件將會被分成「第一場賽事」以及「第二場賽事」，讓讀者可以從本質上看似類似，卻又有不同技術細節之處，來比較並瞭解我們處理這種大流量事件的方式。

事件經過

故事要從一個嚴重的 P0 事件開始講起。某一天的下午即將下班時，我們突然收到了大量的 P0 警報，同時也收到了 Pingdom DOWN，也就是平台無法存取的警報。與此同時，我們專門確認網站正常性的團隊也回報網站的存取速度變得異常緩慢，甚至根本無法存取。

值班工程師在當下則是確認到了系統正在接收到大量的請求，而因為短時間內的請求飆升，導致系統無法負荷而出現了延遲或甚至無法回應的狀況。因此當下的緊急應對措施，就是直接將伺服器的數量提升為兩倍（也就是在 AWS 中增加 EC2 的數量），過了大約半小時，緊急加開的伺服器都陸續上線後，網站也回歸正常的使用。

筆者踅踅唸（se'h-se'h-liām）

這邊也可以感受到使用雲端供應商的好處，如果是地端的伺服器，恐怕沒有辦法這麼有彈性地在短時間內加開伺服器來因應衝進來的流量吧。

資料蒐集

事後我們匯整了不同來源的資料，確認的確是在短時間內請求大量飆升而導致的狀況。

如圖 2-1-1，這是我們整個網站的使用者數量與時間的圖表，可以看到在方框裡面有出現使用者大量湧入的狀況。

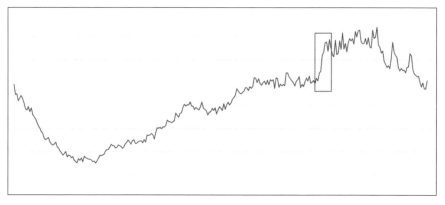

圖 2-1-1　網站在線人數隨時間趨勢

圖 2-1-1是整個網站，而圖 2-1-2 則是針對棒球賽相關服務的使用者，從這張圖應該會更有使用者數量暴增的感覺。

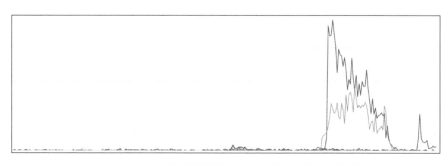

圖 2-1-2　棒球賽相關服務的使用者數量隨時間趨勢

然後是我們後端伺服器接收到的請求數量隨時間增長的示意圖，從圖 2-1-3 中可以看到中間出現了一個陡峭的上升曲線。

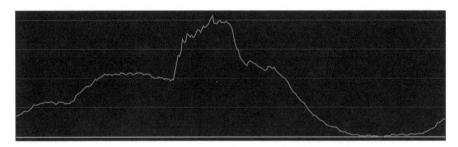

圖 2-1-3　後端伺服器收到的請求數量隨時間趨勢

最後則是我們資料庫的 CPU 使用率，在圖 2-1-4 中，一樣可以看到中間有一段飆升的曲線。而事實上它最後沒有再衝更高的原因，只是單純因為已經衝到 100% 了。

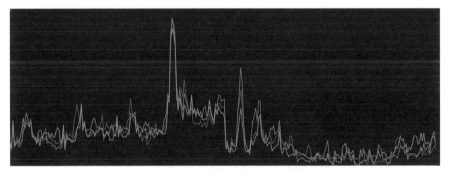

圖 2-1-4　資料庫的 CPU 使用率隨時間趨勢

有了這些資訊，我們就可以開始來調查更細緻的事件成因，以及催生出具體的解決方案。

成因分析

請再看一次圖 2-1-1，也就是網站整體使用者的數量。該圖中方框圈起來的部分，雖然的確是一個陡峭的上升曲線，但與原本這個網站的使用者數量相比其實並不算多。

雖然這邊不方便透露實際的數字，但大致可以理解為，半小時內增加的使用者其實大約只有原本在線使用者的 20-30% 而已。

因此我們第一個要解決的問題，就是為什麼數量如此稀少的使用者卻會直接導致我們的網站倒站半小時呢？是因為平常我們的伺服器就已經處在接近滿載的狀況嗎？答案是否定的，因為我們的自動擴展機制設定為 CPU 50%，因此直到流量衝進來之前，我們的後端或資料庫伺服器都是處在還非常有餘裕的狀況。

那麼，難道是因為我們的網站其實遭受到了駭客的攻擊嗎？可是駭客怎麼會這麼剛好地挑了棒球賽發生的當下發起攻擊呢？雖然我們也無法完全排除這個可能性，但既然剛好在這個時間點有大型活動，也許我們還是應該先以正常使用的角度來切入，嘗試調查具體發生的事情。

在經過一番思考後，筆者得出來的結論如下：

首先，我們模擬一下，如果我們剛進入一個網站的時候會做什麼事情呢？可能會需要登入，且因為要看棒球賽的關係，我們可能也會需要選擇棒球賽的頻道。此外，剛進網站的我們可能也會想要稍微滑一下這個網站，或是隨便看看某些我們可能感興趣的東西。

對於一個剛進網站的人來說，這些當然都是非常正常的操作。不過這每一個操作都可能對後端的伺服器發出一個或多個請求。相較於一個已經在線上待了很久的使用者而言，他可能單純只是掛在線上，或是正在觀看一個影片（還記得我們是線上影音串流平台嗎）而已。

換言之，剛進入網站的每一個使用者所發出的請求都會是原本已經在線上使用者的好幾倍。因此我們可以合理判斷是這些新使用者的操作，導致伺服器承受不住的結果。

而這邊的重點在於說，我們至少可以初步判斷，大概不是受到駭客攻擊；或使用者有異常操作；或我們的程式沒有寫好之類的狀況。這對於後續的問題解決非常重要，因為如果搞錯問題本身，那可能一開始就會直接朝錯誤的方向去尋求解決方案。

系統瓶頸

有了初步的成因分析之後，筆者接下來要釐清的問題，就是服務本身到底是壞在哪個地方。

我們知道使用者發出請求，會經過前端的伺服器，後端的伺服器，到資料庫然後再回來，這整個過程裡面會經歷非常多不同的服務或資源。

一般而言，請求如果回不來，通常不是因為這一連串的服務都壞掉，而是單純某一個服務遇到了困難，因此請求或回應就卡在這個地方無法繼續。

換個說法，筆者接下來想要找的東西，就是我們系統的「瓶頸」
（bottleneck）。

第一個切入點就會是各個服務在事件當下的 CPU 使用狀況，而非常明
顯的，資料庫伺服器看起來是 CPU 過載之處，因此我們這邊的初步判
斷，就會是請求大概是卡在資料庫裡面出不來了。

請再看一次圖 2-1-4，是資料庫伺服器的 CPU 使用率隨時間變化的
折線圖。雖然一樣沒有辦法給讀者看數字，但中間那個陡峭曲線的頂
點，就是 CPU 使用率衝到 100% 之處。此外我們也發現在事件當下，
有一些花費大量時間的 SQL query 正在佔用資料庫伺服器的資源（單
一 query 長達 3 秒），如圖 2-1-5：

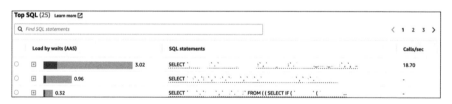

圖 2-1-5　資料庫在流量大量湧入時的 SQL Query 使用狀況

經過進一步的調查，我們發現資料庫的自動擴展速度實在是太過緩
慢，完全追不上使用者衝進來的速度。

一般的後端伺服器（當時是 EC2）加開一台大約只要 5 分鐘左右的時
間，但資料庫伺服器（RDS）加開一台大約需要 15 分鐘以上的時間，
開完之前可能人潮早就離開了。

資料庫加開會花比較長的時間其實是合理的，因為加開一台機器完後，還要花很多時間把資料搬到機器上面。因此單純降低開機器的時間，看起來會是比較困難的。

知識補充站

SQL Query：針對資料庫的搜尋指令，會花費資料庫效能並獲得想要的資料。在我們的例子中，某些資料搜尋的指令花費太多時間，導致資料庫的效能被過度佔用，而無法處理其它請求。

短期解決方案

根據前面的討論，我們的解決方案會有以下三個方向：

- 改善資料庫效能，比如最佳化 SQL query 寫法，或增加索引（index）等等

- 提前加開伺服器

- 增加記憶體快取

在與後端工程師討論之後，我們決定採用記憶體快取的方式來解決這個問題。在快取機制上線之前的熱門棒球賽，則都在一個小時之前提前加開伺服器。

至於熱門棒球賽的定義，則由我們的客戶來決定。因為在這些棒球賽之前，客戶會透過推播系統來傳送訊息給使用者，而討論當下也發現，其實只有在這些熱門棒球賽的當下，才會有使用者大量湧入的狀況。

雖然我們的短期策略是要提前加開伺服器，但在這邊也有一些細節是可以討論的。資料庫伺服器因為開機速度太慢，因此我們會在球賽開打之前就直接設定一個最高等級的數字，以確保在整個棒球賽的過程中都不會有需要加開伺服器的行為發生。相對而言，後端伺服器因為加開速度較快，所以我們可以保有一些讓它自由增長的空間。

事實上，要評估數量剛好的伺服器數量極為困難。即使在可以預期使用者數量的前提之下，我們也會因為使用者衝進來的速度，而導致要加開的伺服器數量有所不同。

必須老實說，最後都會是先開一個比較保守的數量，然後再根據實際的狀況慢慢觀察。這是技術上筆者認為相當困難的事情，也是當初花了很多時間處理的挑戰。

最後觀察呈現如下：

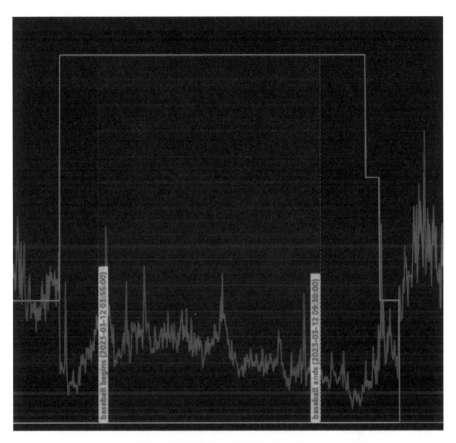

圖 2-1-6　資料庫伺服器隨時間的機器數量和 CPU 使用率

圖 2-1-6 是資料庫伺服器隨時間的機器數量，以及 CPU 的使用率變化。直線是伺服器數量，折線是 CPU 的使用狀況，長方形框框則是棒球賽的時間。

從這張圖中，可以觀察到我們在棒球賽開打前大約一個小時，就強迫資料庫伺服器的數量成長到原本的兩倍左右，一直到棒球賽結束後一個小時才回歸原本的自動擴展機制。我們其實抓得相當保守（伺服器開得太多），因此可以看到 CPU 使用率在棒球賽的當下甚至是比平常還要低的。

圖 2-1-7 則是後端伺服器隨時間的機器數量，以及 CPU 的使用率變化：

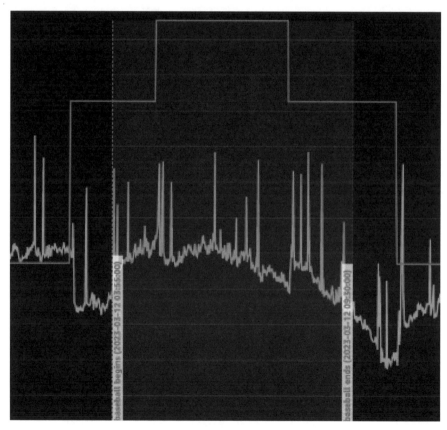

圖 2-1-7　後端伺服器隨時間的機器數量和 CPU 使用率

我們雖然在棒球賽開打之前，有先設定了一個最低數量，但我們沒有像資料庫伺服器一樣抓得那麼保守，因此可以看到在整個棒球賽的過程中，伺服器本身是有稍微增長的狀況。也因為後端伺服器開機的速度比較快，不會影響到服務可用性，因此我們才能透過這個方式節省一些成本。

從短期策略來看，到這邊看起來算是圓滿落幕，但其實仍然留了一些值得討論的議題，會在後面的段落〈第二場賽事〉再跟讀者分享。

知識補充站

索引（Index）：在資料庫中增加索引（Index）的目的是為了提高查詢效率。索引是一種資料結構，用來快速定位和存取資料庫中的特定記錄，就像書籍中的目錄一樣。

額外的挑戰

在系統調校的過程中，除了最終能達到調校目的之外，也常常會有額外的有趣發現。這一小節就是想分享，在整個棒球賽的維運事件中，額外觀察到，筆者認為值得分享的兩件事情。

負載平衡的挑戰

針對第一件事情，請先觀察以下四張圖：

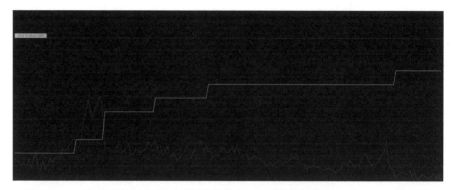

圖 2-1-8　資料庫沒有預先加開機器時隨時間機器數量和平均 CPU 使用率

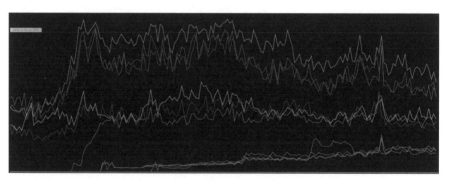

圖 2-1-9　資料庫沒有預先加開機器時隨時間各機器 CPU 使用率

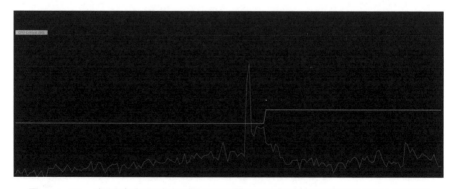

圖 2-1-10　資料庫有預先加開機器時隨時間機器數量和平均 CPU 使用率

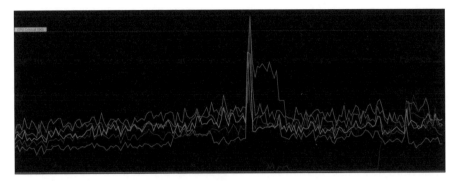

圖 2-1-11　資料庫有預先加開機器時隨時間各機器 CPU 使用率

X 軸都是時間。圖 2-1-8 與圖 2-1-9 代表的是沒有預先加開機器的狀況，圖 2-1-10 與圖 2-1-11 則是有預先加開機器的狀況。圖 2-1-8 與圖 2-1-10 代表資料庫伺服器的數量（比較直的黃線）以及平均 CPU 的使用率（藍線）。圖 2-1-9 與圖 2-1-11 則是把單一資料庫伺服器的 CPU 使用率拿出來各別檢視的狀況。

圖 2-1-8 與圖 2-1-9 是同一場棒球賽，而圖 2-1-10 與圖 2-1-11 則是另一場棒球賽。雖然是兩個不同的棒球賽，但是兩場棒球賽的條件，包含湧進來的人數以及速度都沒有差非常多。

我們可以比較圖 2-1-8 與圖 2-1-9 的狀況，因為圖 2-1-8 沒有預先加開伺服器，因此可以觀察到代表伺服器數量的那條黃線一開始是比較低的，然而最終伺服器的數量卻成長到了原本的大約三到四倍左右。

相較而言，圖 2-1-10 雖然一開始有預先加開伺服器，因此伺服器數量比較多，但一直到最後都維持相對平穩的伺服器數量，只有在中間可能因為某個球賽高潮的時候而多開了一台伺服器。

奇怪的事情是，明明人數沒有差那麼多，但為什麼前者所需要的伺服器數量最後卻遠高過後者呢？

請再看一次圖 2-1-9 和圖 2-1-11，我們把單一資料庫伺服器的 CPU 使用率攤開來之後，發現在有預先加開伺服器的情況之下（圖 2-1-11），每一個伺服器的 CPU 使用率看起來相當平均，然而在沒有預先加開伺服器的情況下，一開始就存在的伺服器持續處在忙不過來的狀態（CPU 90% 且警報一直在響），新加開的資料庫伺服器看起來好像有點閒（CPU 處在 40-50% 左右），而更晚加開的伺服器們則看起來在偷懶（只有 10-20%）！

為什麼會發生這樣的狀況呢？是不是因為我們的負載平衡機制發生了一些問題，導致流量沒有被平均分散到各個伺服器呢？然而筆者認為，其實正是因為我們的負載平衡有非常平均地分散流量，才會導致這個狀況。請見圖 2-1-12：

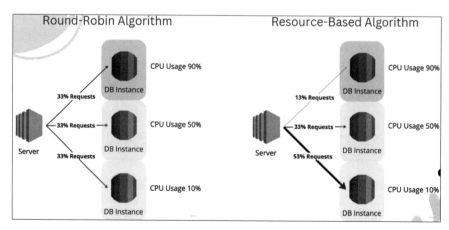

圖 2-1-12　負載平衡演算法的比較

請讀者試著想像一下，假設現在我們沒有預先加開伺服器，且流量剛衝進來，導致我們一開始就存在的伺服器已經接近滿載，並觸發了自動擴展的機制。這個時候比較理想的負載平衡演算法，應該是把大部分的流量導向新開的伺服器，對嗎？

畢竟舊的伺服器已經滿載了，應該由新的伺服器來接手接下來大部分的流量才對。也就是圖 2-1-12 中的「Resources-Based Algorithm」，根據資料庫使用狀況而出現的負載平衡演算法。但實際上我們使用的是「Round-Robin Algorithm」，也就是最簡明的演算法。

因為請求無論如何都會被平均分散，因此已經滿載的就繼續滿載，而很閒的永遠都會很閒。

這個問題之所以重要，除了因為我們想要避免資料庫伺服器 CPU 使用率持續過高的狀況之外，我們也希望盡可能透過使用最低伺服器數量的方式來降低成本，畢竟每一個資料庫伺服器都相當昂貴。

我們原本以為預先加開伺服器會比較花錢，但根據這邊的觀察，未預先加開伺服器反而導致了最終需要開更多伺服器，預料之外地增加了成本。

就目前而言，我們因為使用的是 AWS 管理的服務，因此演算法沒有其他客製化的可能性。也就是說，在快取機制上線前的解方，仍然是熱門比賽前要預先加開伺服器。

不過，與公司資深前輩聊天時，他也提出，其實複雜的演算法，最終反而會導致一些預期之外的問題，因此雖然單純的演算法有一些困難，但根據過往的經驗，我們最後可能還是會選擇相對單純的演算法。

筆者踅踅唸（se'h-se'h-liām）

看到這裡，讀者是否有感覺到 SRE 分析能力的重要性呢？筆者自己認為，SRE 的其中一個特質，就是要有能力看圖說故事。做為一個天橋下的說書人，如何爬疏事件脈絡，並整理成有邏輯的故事，也是 SRE 不可或缺的能力吧。

協商與溝通的挑戰

講完了技術上的發現，接下來也跟各位分享一些與客戶協商的過程。

不知道在上一節中提到的改善策略裡，讀者有沒有覺得有點奇怪？明明說好我們系統的瓶頸是發生在資料庫伺服器上，最後卻還是針對後端伺服器進行預先加開的動作。

實際上會有最後的選擇，與本書出現過的所有實際經驗一樣，都會有一些非技術上的考量。

在這裡，最主要的問題就會是在於，該事件本身是源自於我們長達大約半小時左右的系統不可用時間。從客戶的角度來看，他們對於我們所提供服務的信任度其實是下降的。因此，我們在各種技術上提出來的建議，都會被他們用更保守的方式來進行接下來的討論。

比如說，在評估過後，我們雖然認為真正需要加開的其實只有資料庫伺服器，但是在贏回客戶的信任之前，我們就會需要連後端伺服器也一起照顧到。此外，我們提出來資料庫伺服器的加開計畫，通常在協

商之後，都會加開到比原本計算出來的數量還要更多的結果，有時候會形成一些額外的成本。

但也在經歷過幾次熱門棒球賽都沒有發生意外事件，客戶的信任慢慢被建立回來之後，我們也漸漸能夠用更精準的方式來去設定預先要加開的伺服器數量了。

筆者誓誓唸（se'h-se'h-liām）

棒球賽算是筆者第一個遇到比較大，而且也比較重要的日常維運事件之一了。由於它的事發來自於一個重大 P0 事件，再加上棒球賽是一個為時很久又受到客戶重視的活動，因此筆者在這個維運事件上也承受了不小的壓力。

不過，筆者也透過這個事件學到了非常多重要的 SRE 能力，包含前面有提到過的分析（看圖說故事）能力，以及精準計算大流量下所需要的機器數量等等。

另外同樣重要的事情則是，在筆者實際工作的這段時間裡，會發現 SRE 實際上是一個需要花費大量時間溝通的工作，而有時候我們做出來的選擇往往並非只有單純技術上的考量。

也正因要處理如此複雜的狀況，SRE 才能顯現出它的價值吧？

長期解決方案

在短期解決方案被實行了數個月之後，做為長期解決方案的快取機制也終於上線了。然而，隨之而來的各種維運任務也有所變化。接下來就要介紹相關的細節。

數據觀察

從資料庫數據的角度來看，我們分擔流量的狀況可以說是相當優秀。請參考圖 2-1-13：

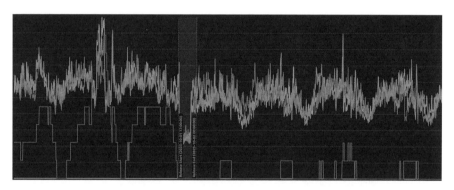

圖 2-1-13　資料庫伺服器數量與 CPU 使用率隨時間變化圖

橫軸是時間（大約是一週），縱軸則分別是資料庫機器數量（在圖中底部，直角比較明顯的藍線）和 CPU 使用率（其它線）；中間紅色長方形區域則是我們部署新版本的時間。

可以看到，資料庫的數量在部署前後的數量變化差異非常大，流量高峰時額外需要的台數前後差距可能高達五到六倍之多，但 CPU 使用狀況卻沒有差上非常多，足以證明我們流量轉換有相當巨大的效果。

此外，可以看到在新版本上線後，資料庫的 CPU 使用狀況也有一度衝高過，且同時伴隨著資料庫台數比其他時間還要多的狀況。事後觀察當下的數據，發現當天的流量瞬間衝高到接近棒球賽冠軍賽等級的流量，但因為快取還是非常有效地處理了大部分的流量，因此資料庫所需要的數量還是不多，而且也沒有因為 CPU 衝高而出現無法使用的狀況。

換句話來說，我們成功透過快取機制大幅改善了系統的效能和可用性。這部分也非常感謝後端工程師的協助。

與客戶的協商

改善歸改善，說服客戶就又會是另一個工作了。在與產品經理以及客戶協商之後，我們決定透過接下來三次的棒球賽事來測試目前系統的效能。

在第一場棒球賽事中，我們會嘗試先加上比較保守數量（比較多）的伺服器來觀察系統效能，順利的話在第二場嘗試只加上一點點伺服器來觀察系統效能，如果也順利的話就在第三場時透過完全不要事先加開來確認系統可以負荷。

不過，即使不是為了說服客戶，透過幾次實驗來確認也是相對穩健的做法。而快取機制的最終目標是讓我們不再需要預先加開資料庫，如果最後能確認達到這個目標就再好不過了。

萬幸的是，最後我們的新系統有成功渡過棒球賽，因此這個長期解決方案也算是正式完成了。

ElastiCache 的挑戰

雖然長期解決方案有確實地解決了我們的問題，但整個過程中其實也出現過非常多值得分享的事件。比如說，就在快取改善計畫上線後的第一天晚上，系統出現了快取伺服器（Amazon ElastiCache for Redis）CPU 使用量過高的警報，而且該警報維持了幾乎是整個晚上，並在接下來的平日晚上（沒有棒球賽的情況下）都接連發生。

雖然在整個警報的過程中我們的服務都可以正常存取，但看起來在流量導向之後，也許快取伺服器會成為繼資料庫伺服器之後，下一個流量過高的受害者也說不定。如圖 2-1-14 所示：

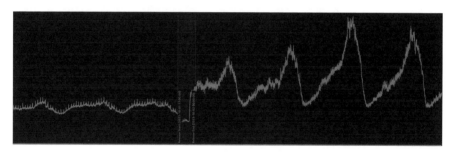

圖 2-1-14　ElastiCache 的 CPU 使用率隨時間變化

在新版本上線後，CPU 使用量不只顯著提升，還會在流量高峰時衝到危險數值。

Amazon ElastiCache for Redis 概述

「Amazon ElastiCache for Redis」是我們使用的快取服務，其中最小單位為「Node」或「Shard」。前者是一般狀況，後者則是啟用「Cluster Mode」之後的最小單位。

數個 Node 或 Shard 會組成一個 Cluster（Replication Group），通常我們所連接的對象都會是以 Cluster 為主。

換句話來說，這裡的「Cluster」有兩種含義，一種是以數個 Node 或 Shard 組成一個「Cluster（Replication Group）」，另一種則是決定是否有「sharding」功能的「Cluster Mode」，因此非常容易混淆，如圖 2-1-15 所示：

Cluster Mode Disabled

Data Replication

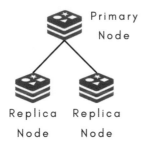

Cluster Mode Enabled

Data Replication & Partitioning

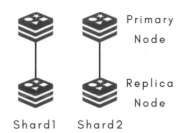

圖 2-1-15 「ElastiCache for Redis」的不同架構圖解

為了避免混淆，接下來會以「Replication Group」和「Node Group」來指涉「數個 Node 或 Shard 組成的單位」，而「Cluster Mode」就是在描述「是否有 sharding」的狀況。

接錯對象的窘境

在調查初期，因為以快取伺服器來承擔大部分流量本來就是既有的目標，因此一開始思考的方向是以加大快取伺服器的機器等級做為出發點。

然而在整個調查的過程中，後端工程師卻發現預期要承受流量的對象似乎與他們預想的不同。我們接錯 Replication Group 了，原本是想要接到有啟用 Cluster Mode 的那組，但接到的卻是另一組沒有啟用的。

實際上，後端程式所對接的端點由 Route53 管理，並透過「CNAME」來轉址到 ElastiCache 的端點，但 CNAME 轉址的對象卻是舊的 Replication Group。而這個接錯的狀況似乎已經維持非常久，久到找不到當初設定的人或是這樣設定的理由，現在會發現也只是因為警報響了的關係。

雖說單純修改 Route53 上的設定相對單純，因此幾天後我們就解決這個問題了，但是當初會啟用 Cluster Mode 的其中一個理由，就是為了在 sharding 之後可以增加快取伺服器的可用性，因此修正這個設定一定程度上應該可以改善警報頻繁的狀況，如圖 2-1-16：

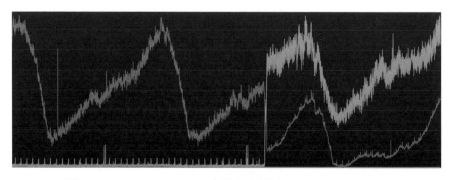

圖 2-1-16　ElastiCache，有啟用和沒有啟用 Cluster Mode
的 CPU 隨時間使用率

一開始比較高，但之後比較低的藍線是沒有啟用 Cluster Mode 的 Replication Group，而一開始比較低，但之後比較高的紅線則是有啟用（因為 sharding 設定為 2 個，因此可以看到 2 條）的 2 個 Node Group。

CPU 與 EngineCPU

除了接錯對象之外，我們後端工程師的主管非常厲害地發現了監控目標上的問題。這應該是來自於警報的觸發與我們服務的可用性之間似乎沒有什麼直接關聯，因此讓他開始懷疑我們是否其實監控錯了東西。

而這裡出現了兩種不一樣的 CPU：「一般的 CPU」以及「EngineCPU」。

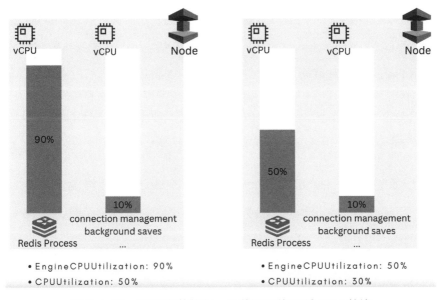

圖 2-1-17　在服務滿載與一般狀況下的兩種 CPU 數據

要釐清這兩種 CPU 的差異，首先必須理解 Redis 其「Single Threaded Model」的設計。所謂的「Single Threaded Model」，大致上代表一次只會有一個系統中的 Process 來處理請求，不過最重要的重點在於，該設計會導致「一次只會有一條 vCPU 被佔用」。

如圖 2-1-17 所示，左半邊代表著 ElastiCache 服務滿載時的狀況。雖然我們的機型中有 2 顆 vCPU 可以使用，但「一次只會有一條 vCPU 被佔用」意味著「Redis Process」一次只會使用一條 vCPU。

因此，雖然 Redis Process 所使用的那條 vCPU 已經滿載（約 90%），由於另一條 vCPU 的使用率仍然非常低（約 10%，只有執行平常正在使用的某些系統工作），因此整台機器的 CPU 使用率只有 50% 左右。

由於觀察一般 CPU 無法得到實際 Redis 的使用狀況，「EngineCPU」直接反映 Redis Process 使用中的 vCPU 使用率，因此能夠比較直接地顯示 Redis 本身的狀況。

在圖 2-1-17 的右半部分則顯示了 Redis 在一般情況下（EngineCPU 使用率 50%）的使用狀況，此時 CPU 使用率則大概為 30% 左右。

以上都是透過「Redis 為 Single Threaded Model」所推論出來的狀況。不過該狀況最後也可以透過實際的觀察結果證實，如圖 2-1-18 和 2-1-19：

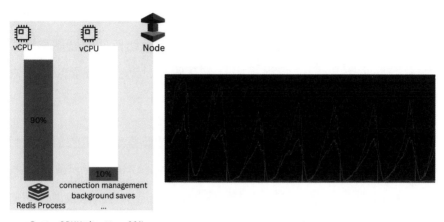

圖 2-1-18　ElastiCache 滿載時的機器狀況與觀察數據

圖 2-1-18 顯示 ElastiCache 滿載時的狀況，在觀測指標線圖中比較高的藍線為 EngineCPUUtilization，而比較低的紅線則為 CPUUtilization。可以發現在前者接近 100% 時，後者確實在 50% 左右排徊。

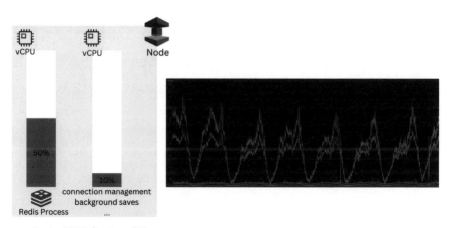

圖 2-1-19　ElastiCache 平常運作時的機器狀況與觀察數據

圖 2-1-19 顯示 ElastiCache 平常運作時的狀況，在觀測指標線圖中比較高的灰線與紫線為 EngineCPUUtilization，而比較低的紅線與藍線則為 CPUUtilization（2 條線是因為有 2 個 shard）。可以發現前者在50% 時，後者確實在 30% 左右排徊。

既然觀察數據也符合預期，那我們就可以據此設定相關的監控項目了。比如說，如果我們發現服務在 EngineCPUUtilization 超過 90%時，會有明顯的延遲，或是資料庫開始接收到原本應該由快取處理的流量，那就應該要設定警報，而相對應的 CPUUtilization 則可能要設定在 50% 左右。

未來的期待

可以的話，我們是期待 ElastiCache 能夠像 RDS 那樣進行自動擴展的。不過根據官方文件，目前至少需要「Redis Engine 6.0」以上才行，而當下仍使用 4 開頭版本的我們暫時還沒有相對應的功能。

不過，這至少給了我們一種可能性，也許未來在遇到效能瓶頸時，除了提高機器等級或增加 sharding 之外，透過升級 engine 版本並啟用自動擴展的功能，也可能會是一個值得考慮的方向。

> **筆者碎碎唸（se'h-se'h-liām）**
>
> 從 ElastiCache 的監控調校來看，SRE 對於服務本身也會需要瞭解到一定程度，才可以建立正確的監控標準。雖然這乍看之下是一件困難的事情，但筆者其實也是在遇到相關事件的時候，透過研讀文件來理解背後的運作原理而已。因此讀者不用預期需要瞭解所有東西的細節，只要確保自己能夠保有隨時往下深究的意願或熱情即可。

第二場賽事

我們的系統在長期解決方案實施後完美地渡過了新的棒球賽季，並在這些賽季期間都沒有需要額外加開機器，可以說是非常顯著地降低了 SRE 以及後端工程師的辛勞。

然而，這份平穩的日子隨著新賽季的開打而敲響了喪鐘。同樣的警報與事件再度發生，而且這次似乎又比上次更為嚴重。

事件經過

與第一場賽事相同，在某天快要下午的時候，我們突然收到了大量的 P0 警報，同時也收到了 Pingdom DOWN，也就是平台無法存取的警報。與此同時，我們專門確認網站正常性的團隊也回報網站的存取速度變得異常緩慢，甚至根本無法存取。

一切都宛如歷史重演，甚至連值班工程師都是同一位。

不同之處在於，根據之前的經驗，我們大致可以確認是資料庫的問題，因為當時我們的後端伺服器已經轉為 AWS ECS Fargate（詳細的搬遷會在第四章〈重要事件〉第三節〈OpsWorks EOL & ECS Migration〉再向讀者詳細說明），所以相對沒有馬上加開的需求。因此當下的緊急處理，是先直接請後端工程師協助到資料庫中處理正在佔用大量效能的指令。

初步成因分析

在最一開始的分析中，由於有過去的經驗，我們將成因導向於與之前類似的狀況。事實上，該產品的使用者整體上本來就有隨時間上升的趨勢，因此其中一個主要的原因，就與使用者的上升導致使用量再度逼進我們的系統瓶頸所致。

此外，由於後端在每個系統的整點多一些的時間，都會固定執行一些與整理資料有關的指令，這加重了系統在繁忙時期的負擔。

具體而言，由於該指令會針對資料庫負責寫入指令的「Writer」下達「資料定義語言」（Data Definition Language，簡稱 DDL）的指令，而這些指令在 RDS 中會強制取消或斷開同一張表（table）上的其他「Reader」讀取指令。

受到影響的使用者會在客戶端收到錯誤指令，而使用者通常會透過重新整理頁面來再度載入服務，也就是重新送入大量請求。就如同在第一場賽事中所提到的「新使用者會比在線使用者送出更多請求」一

樣，這些再度載入服務的使用者就如同新使用者一樣會送出大量請
求，最後導致系統因為承受不住而崩潰。

知識補充站

Writer & Reader：在分散式系統設計中，一種常見用於多讀少寫場
景的資料庫架構設計為單台寫入，多台讀取。此時我們會將負責寫
入的機器稱為「Writer」，其它稱為「Reader」。

資料定義語言：Data Definition Language，簡稱 DDL。用來建立、
修改、刪除資料庫結構的指令。

系統再度多次崩潰

根據前述分析，由於這本質上仍然是讀取請求過多的問題，因此我們
認為加開機器應該能有效解決該問題。而我們也透過 hotfix 來立刻改
善了一些定期指令作用在資料庫上而導致的效能問題。

然而，系統承受不住的問題仍然在下次的球賽中再度發生，而即使我
們已經加開到了 RDS（Aurora 版本）的機器數量上限（15 台），仍然
發生了 P0 事件。

與此同時，由於連續 P0 的狀況，該事件已經升級為客戶每天會要求開
會處理，以及引發公司高層關心的事件了，因此此時壓力可以算是非
常大。

二度成因分析

在加開機器數量到達上限卻仍然 P0 的當下，筆者與當時正在關心此事的後端工程師們觀察到了一件匪夷所思的事情，也就是如同在第一場賽事〈負載平衡的挑戰〉中所提到的類似狀況，所有的請求都被集中到極少部分的資料庫伺服器，導致這些伺服器承受不住請求，但其它大部分的資料庫伺服器卻保持在沒有什麼使用率的狀況。

圖 2-1-20　在 P0 當下的 RDS 使用狀況

從圖 2-1-20 中可以看到，在整座資料庫中，扣掉 Writer 後的另外 15 台 Reader 中，只有其中四台看起來是有在作用的，包含原本就預設在線上服務的最下面三台，以及另一個好幾個小時之前就已經開起來的機器。

剩下的機器雖然在一小時前就已經建立，也確保了在球賽前是已經處在可接受流量的狀態，卻在流量進入的當下維持在大約 5% 到 8% 左右的 CPU 使用率，幾乎可以說是完全沒有在使用。

而另一個我們同步發現的現象，則是資料庫所收到的連線數明顯不均。由於我們當時的最低機器數量為三台，那三台的單台連線維持在 400 左右；被自動加開的機器在大約 250，而最後被手動加開的十一台機器則在 150 左右而已，如同圖 2-1-21 所示。

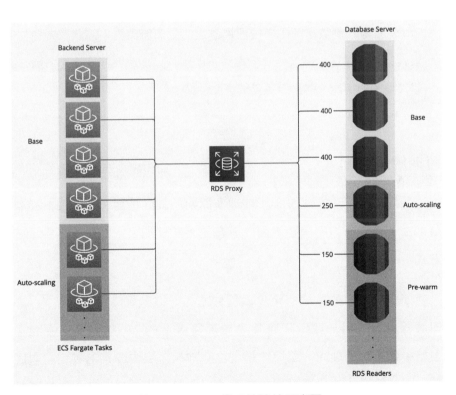

圖 2-1-21　P0 當下的連線示意圖

換句話來説，大量連線湧入當然仍然是系統不堪負荷的原因之一，但我們加開機器卻無法有效解決的主因，卻是連線分配不均所導致的。

也是在這次事件之後，經過直接向 AWS 確認，我們才得知「RDS Proxy」雖然有許多好處，但我們發生事件的當下，其實是還沒有負載均衡這個功能的。

筆者踅踅唸（se'h-se'h-liām）

RDS Proxy 沒有負載均衡功能讓公司許多人大為震驚。雖然 RDS Proxy 的導入是數年前由一位已經離職的前輩所負責，因此筆者也沒有認真研讀過相關文件，但果然不能單純只從服務的名字上去猜想其附帶的功能，還是要認真閱讀文件吧。

短期解決方案

就短期而言，解決方式脱不了在球賽開始前加開機器。不過由於這次還加上了連線不均的問題，因此還會需要額外加上「使連線平均」的方式。

「使連線平均」的方式有至少兩種做法，一種是直接增加線上的 API 伺服器數量，另一種則是直接重新部署線上的 API 伺服器。後者會強迫中斷所有的連線，明顯比前者更有效果，但由於其自動化相對困難，因此前者才是最初採用的方案，以避開週末還會需要手動處理的窘境。

此外，我們在前幾次的實驗中，發現重新部署的行動效果有限，反而是二度重新部署後才會有效果。

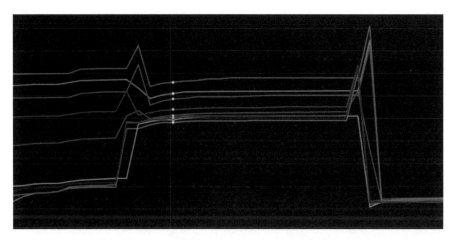

圖 2-1-22　RDS 連線在兩次 API 重新部署前後的變化

圖 2-1-22 顯示的是 RDS 連線數量的變化。可以觀察到在前後兩次重新部署時都有明顯的連線數量上升，代表連線短期內重新建立，並在重新建立後趨於平均。

然而，在首次重新部署後的連線仍有落差，反而是第二次部署後才幾乎完全相同，且該現象在觀察了幾次後都相同。這其中的因果關係著實令人費解。

雖然我們最終都沒有完全搞懂技術細節，但我們認為這應該是 RDS 新開一台機器，其實需要更長的時間而導致的。雖然 RDS 的主控台頁面上，通常在十五分鐘左右後，新開的機器就已經顯示是處在可以被存

取的狀態，但我們懷疑實際上其實需要更長的時間。因此，由於之前
第二次部署的時間都落在開機的四十分鐘之後，我們決定以此來做為
我們下次實驗的時間。

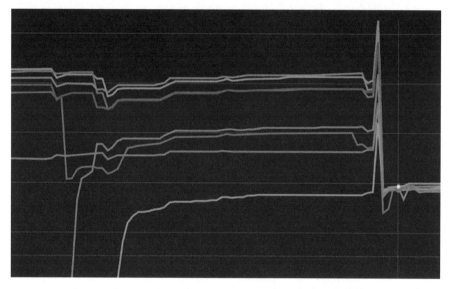

圖 2-1-23　RDS 連線在單次 API 重新部署前後的變化

圖 2-1-23 顯示了 RDS 連線的狀況，我們隔了 40 分鐘後的重新部署收
到了非常顯著的效果，也證實了我們之前的猜測。

筆者踅踅唸（se'h-se'h-liām）

除了重新部署是比較不同的事情外，其它的準備事項都與第一場實
事類似，計算出所需的機器當然是一件困難的事情，但另一件同樣
辛苦的事情則會是與客戶的協商過程。

由於客戶在意的是系統的穩定度，因此他們會儘可能地要求我們多開新的機器。

但我們也不可能一直在無視系統與人力成本的情況下開機器下去，總會需要嘗試降低加開機器的數量來接近系統效能的上限，即使這必然伴隨一定程度上的風險。

雖然我們能透過許多計算來證實該風險非常低，但如何說服已經對我們系統沒有信任度的客戶，確實是一大難題。

長期解決方案

長期解決方案分成兩種，一個是「後端程式面的改善」，與第一場賽事裡面所提到的細節在概念上有或多或少類似的地方。另一個則是我們希望一勞永逸解決這個問題所提出來的「Promotion Plan」。

後端改善

後端程式面的改善會直接對我們實際遇到的問題對症下藥。與第一場賽事相同，我們嘗試透過快取來承擔某些對資料庫負擔特別重的請求。實際上，這次的改善也與第一場賽事同樣有非常顯著的效果，在改善上線後我們甚至直接不用加開機器了。

另一個改善事項則是後端定期將連線重置的功能。雖然在快取機制上線後，我們暫時不會需要執行「加開機器」和「重置連線」等動作，

但就長期而言，該功能仍然是必須，而且還是能夠有效改善平常就加開機器的連線狀況的。

Promotion Plan

讀者讀到這裡，也許已經有發現一個無法避免的循環正在發生。我們在遇到事件後察覺系統的瓶頸，透過一連串的改善來解決系統問題後，在使用者逐漸上升的情況下，我們再度因為遇到另一次事件而察覺到系統的下一個瓶頸，並需要接下來一連串的改善。

這個循環本身其實並非一件需要解決的問題，而我們真正在意的事情是，事件的發生本身會影響服務的穩定度以及客戶對我們系統的信任度，且事件發生後一直到改善事項出現之前的手動加開機器也非常消耗人力資源。

把這種定期會發生的棒球賽視為是需要額外加開機器的活動，我們建立好相關工具並請客戶提供預期的人數，我們再透過該人數與工具來在指定的時間加開機器，就是我們想要提出來的解決方案。

這與過去手動執行加開機器的指令相比會有幾個好處。首先，建立好相關工具後，我們在執行指令上會相對簡單許多；其次，我們可以事先計算好人數與機器數量的比例換算，並將其公式直接寫在工具中，那我們就不會需要每次都重新手動計算具體需要的機器數量。

最後，透過客戶提供他們預期的人數，也可以有效降低我們在人數計算上的困擾與錯誤。由於服務本身由客戶所擁有，因此相對於營運方的我們，他們在人數的計算上會更精準。

可以的話，我們也希望未來可以將這個工具直接做成一個服務並交付給客戶，往後客戶就不需要透過我們的協助，直接透過操作該工具就能完成 Promotion，進一步省下彼此間的溝通成本。

筆者踅踅唸（se'h-se'h-liām）

棒球賽絕對可以算是本書中最經典的幾個案例之一，一來它可以算是 SRE 所面對的典型大流量考驗；二來它本身由於流量過大，導致可觀察到的現象都相對罕見一些；而面對客戶與產品經理的討論與壓力也是不可或缺的過程。

之前曾經聽前輩說過，系統的本質就是 CRUD，只是量大與量小的差別而已，從這個例子中也許可以看出這樣的道理在吧。

二 │ 維護模式

系統於開發完畢正式上線後，在日常維運的過程中仍然會不斷有新版本上線。即使沒有新版本，服務本身所使用到的資源因為各種原因（比如安全性更新）而需要維護也是常有的事情。

雖然我們都希望這些更新可以不要影響系統運作，但有時候接受一定程度的系統不可用時間，來換取風險更低的新版本上線方式，也是一種取捨後的結果，而這也是筆者負責的專案所採取的方針。

不過，為了既能避免使用者誤入正在更新中的服務，也同時要讓他們可以正常接收到「系統正在維護因此不可使用」的訊息，讓系統進入「維護模式」就是一種方式。

在敝公司中，讓系統進入維護模式是 SRE 的工作之一。由於系統龐大，如何以有效率且好管理的方式來切換維護模式與一般模式，就會是這裡的重點。

需求釐清

維護模式主要分三個階段：

首先，進入維護模式後，所有人進入網站都會看到「系統維護中」的頁面，而嘗試直接呼叫 API 的請求也都會收到「HTTP Status Code 503」的回應。

第二階段，在新功能的部署已經完成後，要透過白名單的機制來開放 QA 人員或其他測試人員進來測試，但一般使用者進來的時候仍然要看到維護模式的頁面。

第三階段，等到測試與一切其它工作結束後，要離開維護模式，讓服務重新上線。此時所有人都應該要可以開始正常存取網站。

根據上面的需求，該工具應該要有以下四個主要功能：

- 進入維護模式

- 離開維護模式

- 在維護模式中開啟白名單

- 在維護模式中關閉白名單

實際上第 4 個功能應該是不太會用到的，但為了避免測試時發現要重新部署之類的狀況，因此仍然在一開始就將該功能列為需要開發的目標。

 知識補充站

API：提供應用程式間互相交流與整合的介面。在我們的例子中，即使網頁前端顯示維護中的訊息，但如果沒有將後端 API 給擋住的話，有心人士還是可以透過直接呼叫 API 的方式來存取我們的服務。若其請求會變更資料庫資料的話，那就可能造成無法預期的結果。

> **HTTP Status Code 503**：代表伺服器不可用的訊息，通常為過載
> 或維護中。
>
> **QA**：Quality Assurance，確保產品品質、功能及穩定性的測試。

舊系統簡介

事實上，在筆者剛進入公司的時候，已經有一套正在運行中的舊工
具，其架構如圖 2-2-1：

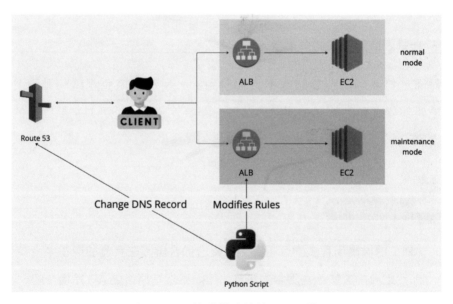

圖 2-2-1　維護模式的舊工具架構

客戶端（Client）在一般情況下要存取服務的時候，會透過 Amazon Route 53（Route 53）的 DNS routing 來獲得並存取 ALB 的端點，再進入後方的 EC2 來存取服務本身（圖中右上方綠色框框標有「normal mode」的部分）。

我們建立了另一支 ALB 來做為維護模式的入口點，並透過切換 Route 53 上的 DNS routing 規則，將客戶端的請求導向維護模式的 ALB，以此來達到在一般模式與維護模式中切換的效果（需求釐清小節的第 1 點和第 2 點）。

此外，我們透過修改 ALB Rule 的方式，來設定可以存取的 IP 或應該要阻擋的 IP，以此來達到開關白名單的效果（需求釐清小節中的第 3 點和第 4 點）。

這兩件事情都透過一支 Python Script 來完成。

 知識補充站

Amazon Route53：協助使用者架設並管理 DNS 相關工具的服務。

DNS（Domain Name System）：負責將網域名稱轉換為 IP 地址的系統。在我們的例子中，使用者輸入的是服務本身的網址，而我們透過 DNS 將其導（route）到 ALB。

DNS Record：每一個網域名稱的轉換關係都是一個 DNS Record。比如說，將某服務本身的網址轉換給某 ALB 的定義，就被寫在一個 DNS Record 中。

> **Python Script**：一支由 Python 寫成的程式，對這種自動化的小工具而言，在習慣上會用 script 來稱呼之。
>
> **ALB Rule**：ALB 上的規則設定系統，可以用來協助引導不同的流量。在我們的例子中，我們透過該系統來允許特定 IP 進入正在維護的系統。

舊系統的問題

這個架構設計本身是可以運作的，不過這會有至少以下兩個問題：

- DNS TTL 或 DNS Cache 的問題

- 太過複雜的架構

- 不友善的 ALB rule 設定

針對第一點，我們都知道 DNS 因為 TTL 的關係，所以切換的當下並不會馬上生效，因此我們必須要等待一段時間才能確認進入維護模式。如果 TTL 的時間是確定的，這其實並不一定是什麼大問題，就只要約好共同等待 TTL 設定的時間即可。

然而 DNS Cache 的問題就比較難辦了。這可能會導致我們自己在測試時已經確認進入維護模式，但這個世界上的某一群人其實還可以繼續存取服務的狀況。如果在使用者仍然可以存取的情況下進行部署，有可能會導致許多預期之外的結果。

比如我們部署前要進行的資料庫備份作業，如果因為使用者的存取導致資料庫沒有備份到某個使用者的操作，而部署又遇到問題而需要那份備份映像檔（Snapshot）的話，就可能會發生一連串因為資料不一致而導致的問題。

針對第二點，我們可以看到，除了一般模式下的架構之外，其實我們還會需要再額外維護一套維護模式下的架構。這裡的額外一套架構，除了 ALB 和 EC2 本身外，也包含了 Route 53 的 DNS Record。

而如果每一個單一服務都需要兩套架構，且每個環境都要遵守這個設計原則的話，那就會變得非常雜亂無章，維護起來會相當辛苦。

針對第三點，在筆者開啟這個研究的當下，ALB 的每一個 rule 只能允許 5 個 IP。換言之，可能會因為白名單數量過多的關係，導致同樣一套規則，必須每 5 個 IP 設立一個 rule。而這大幅增加了 Python Script 的維護困難度。

 知識補充站

DNS TTL：DNS 紀錄的生存時間（Time to Live，簡稱 TTL），在 DNS Record 修改後最多會重新解析的時間。

DNS Cache：DNS 的快取機制，同樣會導致在 DNS Record 修改過後不會立即生效的狀況。

資料庫備份映像檔（Snapshot）：資料庫在備份後的資料名稱。比如說，當我進行了一次資料庫的備份，那次備份的所有資料就會形成一份映像檔。

新工具簡介

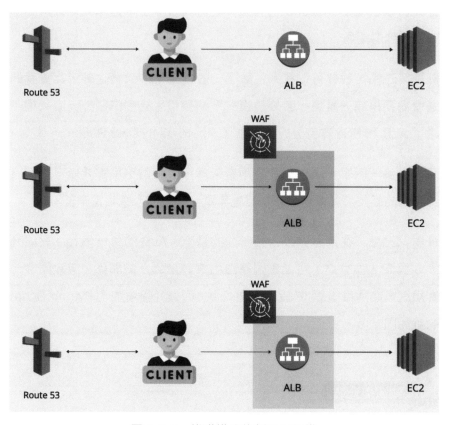

圖 2-2-2　維護模式的新工具架構

圖 2-2-2 呈現了新工具的同一套架構在不同階段中的變化，分別是一般模式、維護模式和開啟白名單後的狀態。

首先，在一般模式下，使用者一樣透過 Route 53 的 DNS Routing 規則來獲得並存取 ALB 的端點，並藉此再存取後面的 EC2。如果要進

入維護模式的話,則在 ALB 外面加上一層 AWS 的另一個防火牆服務「AWS Web Application Firewall(WAF)」。透過 WAF 的規則來管理可以進入的對象。維護模式一開始會先關閉所有存取權限,等到需要開啟白名單的時候,再透過修改 WAF rule 來允許指定的對象存取 ALB。

這整個切換的過程,仍然是透過一個 Python Script 來完成的。

知識補充站

AWS Web Application Firewall(WAF):AWS 中專門用做防火牆的服務,其中也會有許多如同 ALB Rule 的 WAF Rule 供修改。在我們的例子中,我們透過該服務中限定 IP 的功能,來做到只允許特定 IP 進入服務的效果。

新工具的特色

這個設計相較於原本的架構,有至少以下 3 個優點:

■ 更簡單的架構

■ 避免更改到原本架構的設定

■ 在程式與白名單管理上更加簡單和方便

針對第一點，也就是相對於舊工具的缺點，我們可以不用再在每一個單一服務都維護 2 套架構，而這也包含 DNS Record 中的設定。雖然只是短短一句話，但這其實是最重要的優點，因為架構的節省也代表成本的節省。

針對第二點，在 ALB 外面再包一層的做法，可以避免修改到 ALB 本身的設定，能夠一定程度上避開一些預期之外，比如因為 Infrastructure as Code（IaC）而導致的問題。雖然由於在 ALB 上面包上 WAF，仍然會需要加上一個 ALB 與 WAF 的串接設定，但至少比起直接修改 ALB rule 還要單純許多。

針對第三點，前一篇文章中提到，舊工具在白名單設定上極為複雜與混亂。因為 WAF 本身沒有那麼明確的「一個 rule 對 5 個 IP」的限制，因此這在架構和程式撰寫上可以說是幫了一個大忙。不僅能夠寫出更優雅且可讀性更高的程式，架構上也變得更容易維護。

講完優點，這邊其實也有另一個不能忽視的成本問題。因為 WAF 本身其實並不便宜，在大流量的情況下可能會形成一筆可觀的費用。所幸我們只在維護模式時使用，除了並非長期使用 WAF 之外（用完就會刪掉資源），維護模式的當下也不會有什麼使用者流量。因此最後計算出的成本是完全可以被接受的。

事實上，這裡我們不能否認可能會有更好的解決方法。因為該解決方案，其實預設了我們的服務一開始是沒有使用 WAF 的。如果我們未來會需要使用 WAF 的話，那很顯然就會與這個維護模式的工具有所衝

突。畢竟 WAF 一開始的設計應該是為了做防火牆，而不是用來做維護模式的工具。

 知識補充站

Infrastructure as Code（IaC）：一種管理架構的方式，將架構以程式的方式管理，以達到一致性以及版本控制的優點。

工具開發的困難

維護模式工具的開發過程已經完整描述過，但筆者認為，其中遇到困難仍然值得向讀者分享。

首先，最大的困難莫過於原本架構的複雜與混亂。比如說，在 DNS Records 上某些讓人相當混淆的 routing 方式，直接讓筆者迷路了一整週的時間，最後是資深前輩的開示，才得以發現這裡因為歷史包伏而遺留下來，不為人知的某條 routing 小路。

第二個同樣相當難辦的事情則是維護模式工具的開發。因為筆者算是從頭寫了一支全新的工具，而從零開始設計一套工具本來就會花上很多時間，但卡關最久的仍然是 WAF 的 API 設計。

由於 WAF 裡面的資源都有一個類似處理狀態的 token（如果讀者知道 Terraform 的話，有點類似其 state 檔案），因此每次修改都必須先有上次修改後回傳的 token 狀態檔，才能進行下一步的修正。

另外，因為每一個 WAF ACL 的建立都會花費相當多的時間，因此筆者不得不在建立 WAF ACL 後，以及建立與之串接的 Rule 與 ALB 這兩個步驟之中，先插入一段持續確認 WAF ACL 可用性的程式。

最麻煩的則是，因為每次維護都會需要多個 WAF ACL，而筆者原本建立 WAF 的流程是一組「WAF、Rule 和 ALB 串接」建立完後再建立下一組，這導致每一組都會需要先等一開始的 WAF ACL 建立好後才能進行下一步，因此會花上可能十幾分鐘的時間才能進入維護模式。最後筆者不得不重新設計邏輯，先建立好所有 WAF ACL 後，才接著建立各別與之串接的 Rule 和 ALB。

第三個困難點則是 Load Balancer 的升級作業。我們原本的某些服務仍然在使用比較舊式的 AWS Classic Load Balancer（CLB），而 CLB 是無法與 WAF 串接的。因此在這整個開發流程中，筆者也同時需要研究將 CLB 升級為 ALB 的作業。

這在架構上也是一個相當巨大的挑戰。在升級的過程中，除了建立新的 ALB 和相關資源外（會有許多容易讓人遺漏，專屬於 AWS 的細節設定），調整 Route 53 的設定也是重要的內容。筆者在此之外也同時要處理原本的架構與組態管理工具（當時是 AWS CloudFormation 與 AWS OpsWorks），以避免新的部署遇到問題。

最後，這個升級即使在完成後，仍然間接導致了另一個問題。因為 ALB 所使用的是預設 HTTP/2 以上的版本，但我們原本連線 CLB 的 Client 端則還在使用 HTTP/1.1，最後導致了預期之外的問題。我們不

得不先關掉 ALB 的 HTTP/2，讓 ALB 在 HTTP 版本上的回應先與原本的 CLB 相同，才暫時解決了這個問題。

 知識補充站

AWS Classic Load Balancer（CLB）：AWS 比較舊版的負載均衡服務，現在已經被新版取代。在我們的例子中，我們透過 ALB 來取代 CLB。

AWS CloudFormation（CloudFormation）：AWS 原生的 IAC 工具。

AWS OpsWorks（OpsWorks）：AWS 原生的自動化組態管理工具，底層由 Chef 與 Puppet 組成，類似的工具有 Ansible。

HTTP/1.1 & HTTP/2：HTTP 的不同版本，HTTP/2 解決並改善 HTTP/1.1 所遇到的許多問題。

未來展望

雖然目前這個工具已經可以正常運作，但因為這是一個跑在本機的 Python Script，因此仍然有因為環境而導致的各種問題。為了避免這個問題，筆者也正在規劃未來的改善方案。

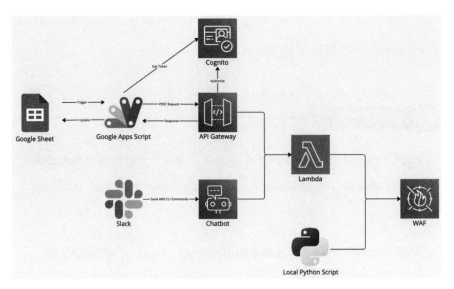

圖 2-2-3　維護模式工具的未來規劃架構

如圖 2-2-3 中所示，未來一種可能的改善方式，就是將整包程式打包成 Lambda，讓其在固定的環境執行以增加穩定度。

此外，如果觸發 Lambda 的方式可以更簡單，比如從 Slack 之類的地方觸發，那進入維護模式的工作甚至可以交由公司任何其它有需求的人，這就是圖 2-2-3 中，透過 Slack 與 AWS Chatbot 那段所描述的方式。當然這邊在 Slack 頻道上的權限管理也會需要更為僅慎。

最後，因為我們每次程式的新版本發佈，都會有一個相對應的 Google Sheet 和版本發佈經理（Release Manager）在記錄具體的發佈流程（Release Rundown），因此我們也有考慮透過 Google Sheet 在表格更新時的事件做為觸發點，透過 Google Apps Script 來呼叫串接該 Lambda 的 Amazon API Gateway（APIGW），並透過 Amazon Cognito（Cognito）來驗證身份。

知識補充站

Amazon Cognito（Cognito）：Amazon 提供的身份驗證服務，用於管理使用者註冊、登入及身份驗證。

Amazon API Gateway（APIGW）：AWS 原生的 API Gateway。用於管理及保護 API，以及連接用戶與伺服器資源。

Google Apps Script：Google 的腳本語言，用於自動化 Google 應用程式，例如 Google Sheets 等等。

筆者踅踅唸（se'h-se'h-liām）

讀者讀到這裡，應該會發現，這整個工具開發的流程，其實與開發一個功能有某些類似的地方。我們都會需要先釐清需求，並在原本的舊程式或架構上進行改動。

當然，筆者相信這與日常開發上的複雜度，以及可能需要思考的商業邏輯還是會有些落差。希望可以透過這個介紹，讓讀者理解並有機會比較與開發上的差異。

另外也希望能夠向讀者分享的是，即使功能已經可以運作，但我們還是可以找出未來能夠改善的方向，而這種「持續進步與追求改善」正是筆者認為 SRE 所應具備的態度之一。

三 | OpsWorks 註冊失敗

介紹了兩個日常維運的系列之後，接下來想分享給讀者的，是與部署工具相關的維運。SRE 和 DevOps 有時候相當難區分的地方就在於，維運本身有許多工作難以切割地如此詳細。

雖然敝公司 SRE 與 DevOps 算是兩個不同的團隊，而後者更專注於整個部署流水線的設計，但同樣做為維運相關的團隊，我們彼此間的合作可以算是相當緊密。在未來的文章中，應該也可以看到許多我們團隊間合作的情況。

架構

這次要介紹的主題，與 AWS OpsWorks 有關。這是一個底層由 Chef 和 Puppet 組合而成的組態管理工具（Configuration as Code），類似的工具有 Ansible。

但讀者其實不用知道得太詳細，因為筆者在寫這個段落的時候，這個工具已經被宣告即將被淘汰的命運。這直接導致了我們必須大幅修改架構並容器化的結果，相關細節也會在第四章〈重要事件〉第三節〈OpsWorks EOL & ECS Migration〉中再分享給讀者。

在進入主題前，請先細看圖 2-3-1 中的部署和架構圖：

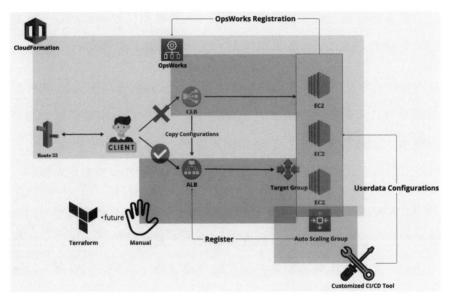

圖 2-3-1　以 OpsWorks 主導的部署流程架構

如圖 2-3-1，從 EC2 的角度出發，我們的每一台 EC2 都是由 Auto Scaling Group（ASG）來自動擴展的，而每台 EC2 啟動（launch）的當下，會接收並執行由 ASG 中所定義的 Userdata 指令。Userdata 則被定義在右下角有標示出來的那個 Customized CI/CD Tool 中，由該工具來管理 ASG 中的各種設定。

Userdata 主要的內容，包含了要求 EC2 註冊到 OpsWorks 的 AWS CLI 指令。在 EC2 成功註冊到 OpsWorks 之後，會再透過 OpsWorks 來安裝與程式相關的內容。原本與 CLB 相關的設定也會在此處理，但換到 ALB 之後就沒有了。

問題

以上是整個部署流程架構的簡要介紹，而這裡所面臨到的問題，就是 EC2 在註冊 OpsWorks 的這段指令，有一定的機率會失敗。

註冊失敗會導致的結果是幽靈機器的存在。該幽靈機器被 ASG 開起來後卻沒有註冊到 OpsWorks 上，因此沒有任何程式，相當於是一個空的機器。但因為沒有良好的錯誤處理機制，因此 Load Balancer 仍然會將流量導向該機器，導致使用者在存取服務的時候有機會遇到錯誤。

原因非常單純，AWS 的 API 在高頻率地被呼叫時，有機會出現呼叫失敗的狀況。因此這個問題好發於短時間內大量加開機器的情況，在熱門活動，比如週年慶活動或之前提過的棒球賽，需要加開機器來因應流量的時候，特別容易發生。

這個問題本身沒有特別好的解法，也就是說，註冊失敗導致出現幽靈機的狀況在目前還沒有太好的解決方案。因此我們的解法就會需要達到以下兩個目標：

■ 在幽靈機出現後有效關閉（terminate）的方法

■ 避免流量被導入幽靈機的方法

知識補充站

Auto Scaling Group（ASG）：AWS 提供給 EC2 的自動擴展工具，根據預先設定好的要求來自動增加或減少 EC2 的數量。

Userdata：一連串會要求 EC2 在啟動時執行的系統指令。

AWS CLI：AWS 的命令列工具，用於管理 AWS 服務，包括部署、設定及操作資源。

Userdata

有了具體目標後，接下來就是要透過實驗來驗證手上擁有的解決方案了。

實驗的第一步，就是先嘗試在開發環境重現這個問題。重現問題本身並不困難，因為觸發條件就只是一次性地大量加開機器而已。因此要做的事情，就是找到需要註冊 OpsWorks 的 EC2 服務，並在該服務的 ASG 中，一次透過大量調整 EC2 的數量（desired capacity）來達到這個目的。而根據幾次實驗的結果，平均每 12 台 EC2 中，會有 1 台出現註冊失敗的狀況。

緊接著就要開始尋找解決方法了。由於第一個能介入的施力點就是 Userdata 本身，因此筆者嘗試著在 Userdata 中直接引入錯誤處理的機

制。具體而言，在註冊 OpsWorks 的指令之後，再加上一個確認註冊成功的指令，而如果確認註冊失敗，則發出要求 EC2 關機（terminate）的指令。

以下分享經過修改後的指令（原本只有 opsworks register 而已）：

```
REGISTER_AND_ASSIGN_OPSWORKS() {
    OPSWORKS_INSTANCE_ID=$(/usr/local/bin/aws opsworks
register
--use-instance-profile --infrastructure-class ec2 --region us-
east-1 --stack-id <省略> --override-hostname $sug_hostname
--local 2>&1 |grep -o 'Instance ID: .*' |cut -d' ' -f3;);
    if [ -z \\"$OPSWORKS_INSTANCE_ID\\" ] ; then echo 'Failed
to register OpsWorks Stack' ; return 1; fi;


    #...（省略以下指令）


}
#...（省略其它指令）
if ! REGISTER_AND_ASSIGN_OPSWORKS; then echo 'Set EC2
unhealthy'; /usr/local/bin/aws autoscaling set-instance-health
--region $EC2_REGION --instance-id $EC2_ID --health-status
Unhealthy --no-should-respect-grace-period || { echo 'Error
setting instance health status'; exit 1;}; fi"
echo 'End User Data'
```

雖然這邏輯本身看似簡單，但最一開始筆者其實是還處在連 Shell Script 都不是非常熟悉的狀況來接手這個工作的。因此，除了仰賴公司前輩的鼎力相挺外，也因此同時和 ChatGPT 培養了很不錯的感情。事實上一直到現在，筆者都不確定像這樣子的寫法是否可以算是最佳解，讀者也可以自行思考是否有更好的寫法。

加上新的指令後，接下來就會是實驗新指令的過程了。

實驗的過程其實也相當單純，與一開始出現問題一樣，透過大量加開機器的方式，來確認註冊失敗的機器是否有成功被關機。比如說，在某次實驗過程中，筆者一次加開了 30 台的機器。

如圖 2-3-2，在 OpsWorks 的主控台（console）中，最後只看到 27台機器，也就是說有 3 台機器是註冊失敗的狀況。

圖 2-3-2　OpsWorks 主控台顯示的 EC2 數量

緊接著，筆者在 EC2 的主控台觀察到有 3 台機器因為被 ASG 判定不健康（unhealthy）而處於關機中（terminating）的狀態。隨著關機的完成，ASG 為了符合 30 台機器的需求，又另外加開了 3 台機器。

可以在圖 2-3-3 中看到，機器（Instances）的數量總共是 33 台（原本的 30+3 台），其中包含了已經被關機的機器，以及正在開機中（Initializing）的機器。

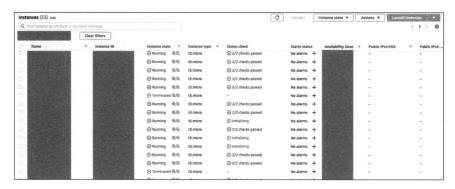

圖 2-3-3　EC2 主控台顯示的 EC2 機器狀況

最後，我們回到 OpsWorks 的主控台，會發現新的 3 台機器成功註冊到 OpsWorks 了。如圖 2-3-4：

圖 2-3-4　OpsWorks 主控台最終顯示 30 台機器

值得一提的是，讀者可以在上圖中看到，其實有一台機器是處在亮紅燈的狀況。也就是雖然有成功註冊 OpsWorks，但卻在註冊後發生問題。這個問題在當下並沒有找出原因，不過筆者懷疑可能是 Ubuntu 伺服器的問題，並與之後的某次重大 P0 事件有關係。相關的討論會留到第三章〈重大 P0 事件〉第二節〈在 Ubuntu 與 Memory Leak 共舞〉中再與讀者分享。

知識補充站

Shell Script：用於在 Unix/Linux 系統上自動化任務的腳本文件，包含一系列指令。

筆者踅踅唸（se'h-se'h-liām）

這個任務是筆者做為一個超級菜鳥接手的第一個任務，雖然只是這樣開開關關機器，但因為數量龐大的關係，筆者當時其實也是懷著既興奮又忐忑的心情在做這件事呢。真希望未來也能不要忘記像當初這樣的心情。

Lifecycle Hooks

透過 Userdata 的修改，我們成功得到了「在幽靈機出現後有效關閉（terminate）的方法」。然而，我們接下來還會需要處理另一個問題，也就是「避免流量被導入幽靈機的方法」。而我們所使用的方式，就是 AWS 提供給 EC2 的 Lifecycle Hooks。

所謂的 Lifecycle，就是在説 EC2 做為一台虛擬機器的一生。如同人有生老病死或冠婚葬祭一樣，EC2 也有屬於它的好幾個生命週期或人生階段。

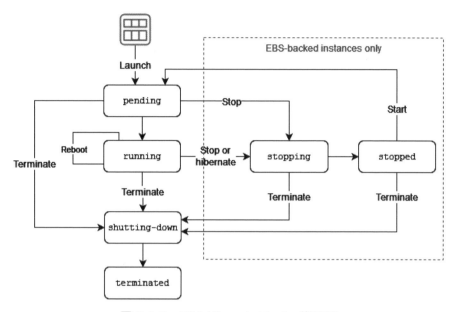

圖 2-3-5　EC2 Lifecycle Hooks 的圖解

來源　https://docs.aws.amazon.com/AWSEC2/latest/UserGuide/ec2-instance-lifecycle.html

如圖 2-3-5，因為一台 EC2 真正能夠接收流量的階段，是進入「運行中」（running）的階段，因此我們所要做的事情，就是在要求機器「只有在成功註冊 OpsWorks」之後，才能進入這個階段。

Lifecycle Hooks 這個功能，就是協助我們將 EC2 卡在某個指定階段，並在符合特定條件後才被允許進入下一個階段。

換言之，我們透過 Lifecycle Hooks，在 EC2「啟動」（launch）並進入「等待」（pending）的階段時卡住它，並將「允許 EC2 進入下一個階段」的指令放在 OpsWorks 中。

如此一來，只有成功註冊 OpsWorks 的機器，才能獲得該指令並進入「運行中」的階段，也才能進一步接收流量。至於註冊失敗的機器，就會因為卡住太久而 timeout（一樣是可以在 Lifecycle hooks 中設定相關參數），並自動被 ASG 給移除。

這邊也分享 OpsWorks 中的「允許 EC2 進入下一個階段」指令如下，其實也就是另一個 AWS CLI 指令而已：

```
aws --region ${region} autoscaling complete-lifecycle-action
--lifecycle-hook-name ${lifecycle} --auto-scaling-group-name
${asg} --lifecycle-action-result CONTINUE --instance-id ${ec2_
instance_id}
```

到此，我們算是解決了這邊的所有主要問題。可以透過圖 2-3-6 中的流程圖，來複習一下整個過程：

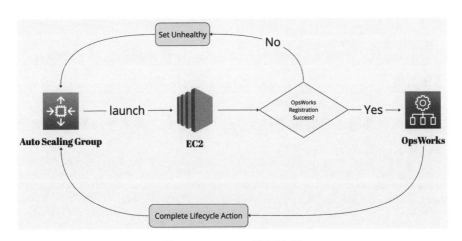

圖 2-3-6　EC2 部署流程

挑戰與心得

與其它所有事件相同，在事件解決的過程中有一些筆者認為值得分享給讀者的經驗，就記錄在這裡。

Userdata 的挑戰

Shell Script

第一個就是整個 Userdata 的修改。前面有提到，做為一個超級菜鳥，其實筆者一開始連 Shell Script 都不太會寫，受到了前輩很多的幫忙後，才慢慢做出改善的結果。

而在整個修改過程中，筆者一開始曾寫出以下被糾正的指令：

```
if [ -z "$INSTANCE_ID" ]; then SET_EC2_UNHEALTHY; exit 0; fi
```

該指令主要在「exit 0」這裡不太好，因為該指令應該是用在系統沒有問題的情況下，但顯然這裡是在出錯的情況下結束的。

另外，在前面的「修改後的指令」中可以看到，筆者下達關機的指令是透過另一個 AWS CLI 指令：

```
aws autoscaling set-instance-health
```

這個做法是經過前輩建議的。事實上筆者一開始是直接透過 Linux 指令來對虛擬機本人下達關機（shut down）的指令。但前輩認為比較理想的做法，應該是透過 ASG 判斷 EC2 健康狀態的方式來進行這個終止機器（terminate）的動作。

因此相較於直接下達關機指令，透過設定機器為 Unhealthy 的方式則應該會是更好的。

權限

不過，在實驗這個指令的過程中也很意外地遇到另一個權限問題。因為該指令是從 EC2 中下達的，雖然 Userdata 的指令都會以虛擬機的最高權限來執行，但因為一開始 EC2 本身的權限就不夠，因此這邊也歷經過一輪權限設定的繁鎖流程呢。

最後，由於錯誤處理的指令本身也會有各種意料之外的突發狀況，因此在每個過程中不斷印出相關的訊息，也是事後在排查問題時一件相當重要的事情。

比如說，在一個指令的開始或結束後，或在錯誤處理機制觸發的前後，如果能加上一個「echo」，就很容易能夠在問題出現後找到失敗的指令。以上這些都是在學習過程中所接觸到，筆者認為非常珍貴的經驗，也在此分享給讀者。

架構與歷史的挑戰

第二件事情，在第二章〈日常維運〉第二節〈維護模式〉中也有提到一點，就是能夠在研究的過程中接觸到服務的架構，並從架構的演進中看到公司的各種歷史。

比如說，我們可能光部署或架構管理工具，就有 CloudFormation、客製化工具、Terraform，以及甚至還有部分是手動建立的。每一個不同的工具都象徵某個時代的團隊，而我們就是站在巨人的肩膀上，根據前人的建設再增加我們自己的東西。

容器化的趨式

第三件事情，則是在這些過程中，筆者似乎更開始能夠理解容器化或無伺服器作為現在軟體開發趨勢的理由。虛擬機器帶來的環境問題著實非常困擾，而我們大部分在意的是程式本身，而非底層的機器運作邏輯。因此敝公司目前的新專案，也都全部以容器化的方式來規劃，筆者現在是完全可以理解的。

最後，雖然主要問題都已經解決，但我們由於有設定機器啟動失敗的相關警報，因此我們仍然會儘可能避免一次大量加開機器，否則相關警報還是非常煩人的。

但也因為機器啟動失敗會有各種原因，因此我們也不能直接將該警報關掉。這直到現在，都還或多或少困擾著我們團隊。

四 ｜ 自動化工具協助日常庶務

在前面的章節中帶給各位數個比較大型的維運工作，但 SRE 所要處理的也有許多更小的日常工作，想在這節與讀者介紹。而透過自動化工具的協助，可以讓許多繁瑣的事情變得更加輕鬆簡單。

CDN 報表自動生產

由於我們其中一個向客戶收費的主要來源就是 CDN，因此，生產相關的流量報表就是一件必要的事情。而過去需要定期手動生產的系統報表，透過自動化的程式來完成，就是這節的重點。

說來簡單，不過定期生產系統報表給客戶，其實是維運中相當重要的環節。其實我們也可以換個說法來講，只要今天交出去的東西與客戶直接相關，那就會是一個不能忽視的重要工作。

比如說，在第二章〈日常維運〉第一節〈棒球賽〉所提到的定期加開機器，工作本身非常重要的理由，就是因為客戶相當重視這件事情的關係。

該自動化工具的架構如圖 2-4-1：

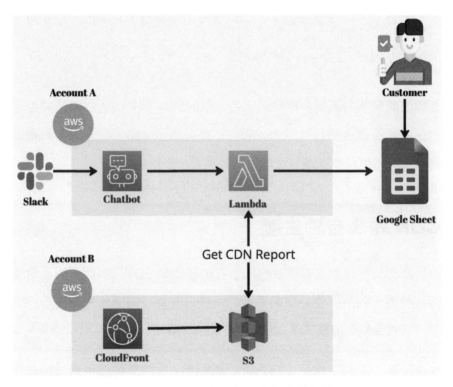

圖 2-4-1　CDN 自動化生產報表的架構

我們主要的服務是架設在一個 AWS 帳號中（圖 2-4-1 中的 Account B），透過 Amazon CloudFront（CloudFront）建立的 CDN 會把存取資料傳送到 S3 儲存。在過去，我們必須要手動下載 S3 的資料並將其重新整理到一個新的 Google Sheet 檔中，再讓客戶透過存取該檔案的方式來獲得他們想要的資訊。

在自動化的工具中，我們透過存放在另一個 AWS 帳號的 Lambda 工具來撈取，處理該資料後再傳到原本的 Google Sheet 裡面。觸發的方式則從 Slack，透過串接 Chatbot 的方式來觸發該 Lambda。可以參考 AWS Chatbot 在 Slack 中的樣子：

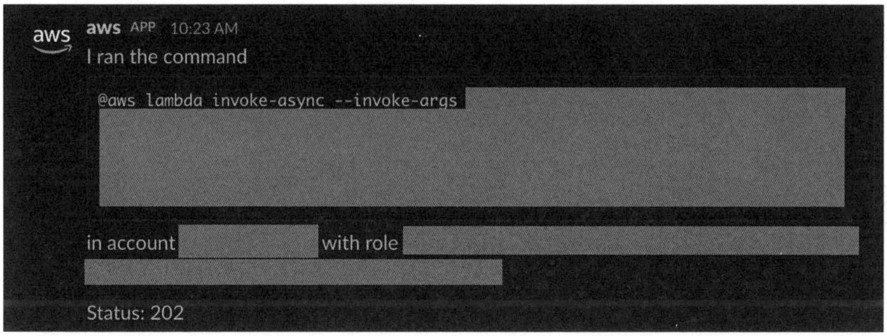

圖 2-4-2　AWS Chatbot 在 Slack 中執行指令的截圖（抹去機敏資訊）

圖 2-4-2 是 Chatbot 實際收到指令後執行的回饋訊息。指令細節則一開始就會先在 Slack 中設定好。因此操作人員只需要在指定的時間，在 Slack 上面稍微點一點就可以完成每個月的報表生產工作了。

在整個過程裡，對筆者而言有四個比較巨大的挑戰：

■ Google Sheet 的串接

■ 跨帳號存取服務的串接

■ Slack 與 AWS Chatbot

■ 部署工具

串接本身所遇到大多是權限設定的問題。比如 Google Sheet 在權限上似乎在不同時代有不同的做法；AWS 跨帳號要透過「assume role」的方式；Slack 在 Chatbot 的串接上則要額外注意該頻道的組成成員，以避免某些成員做出預期之外的行動。

另外，部署工具所使用的 Terraform 本身沒有什麼太大的問題，但由於這是筆者人生第一次真正意義上地接觸 Terraform 的部署，因此實際上花了非常多時間處理很多基礎問題。事實上，筆者一開始甚至不小心把「Terraform state」給刪掉了，雖然反而因此學會了「Terraform import」的功能就是了。

比較幸運的是，筆者當時接手時，製作 Google Sheet 本身的 Python Script 已經完成得差不多了。事實上，筆者也是在之後實際撰寫呼叫 Google Sheet API 的程式時才意識到，這次工作中不用接觸這一塊，其實已經省下筆者非常大量的時間了。

 知識補充站

Amazon CloudFront（CloudFront）：AWS 原生的 CDN 服務。

IAM User 定期盤點

另一個將手動作業透過程式來自動化的工作是要定期盤點 IAM User 的使用狀況。由於自動化本身與上一篇沒有太大的差別，因此接下來就會重點分享任務本身。

敝公司使用了「AWS Organization」來管理各個 AWS 帳號，並透過「AWS IAM Identity Center（前身為 AWS SSO）」來管理各帳號的使用者權限（permission set）。

比較特別的是，我們是由 SRE 來負責管理這一塊的業務。而為了確保最低權限的發放規定，我們針對每次權限的申請都會要求申請者提出使用期限，一旦到了有效期限且沒有展延的需求，就會刪除該權限。

然而，各個帳號基於不同的需求與一些歷史演進的關係，也會存在一些由另一種權限管理系統所產生的「IAM User」，比如外部廠商要透過該 User 來存取某些 S3 的資源等等。

這個部分的管理由於沒有像 IAM Identity Center 那樣有系統，因此我們採用了每半年手動盤點一次，如果超過一定期限沒有活動的 IAM User，向該帳號的業務單位確認刪除或保留的方式。

在這個工作中最為繁瑣的部分，就是從各個帳號下載整個帳號的 IAM user 活動狀態，以及將這些活動狀態手動建立成一個供全公司其他同仁觀看的 Google Sheet 了。雖然這是一個半年才執行一次的任務，但最後筆者衡量了一下手邊的工作，還是決定投入自動化的工作。

事實上，一開始是先透過 AWS CLI Command 來簡化整個作業流程（半手動半自動化）。這樣試做了一次之後，才決定要將其全自動化。而最後的結果也相當不錯，特別是看到自己的自動化工具成功將報表生產出來之後，著實有一種難以言喻的喜悅感吧。

在這整個自動化的工作裡，主要遇到了以下兩個筆者認為值得分享的事情。

第一個是帳號與權限問題。因為這個工具的目的是為了到公司的全部帳號中取得該帳號的 IAM User 權限，因此就會需要每一個帳號的權限。權限本身當然是在工作前先一個一個申請的，但在執行程式的當下，程式並不清楚我們所使用的權限，因此在主程式啟動之前，就會需要先增加一連串的錯誤處理，或說是權限確認機制。

此外，由於理想的自動化應該是要自動掃描過公司的所有帳號，再加上公司帳號可能會有增減的情況，因此程式設計上，也會需要保有讓使用者能夠動態調整帳號的功能。這個是在一開始設計程式時所沒有預期到的，也是一邊開發才一邊想到的需求。

第二個則聽起來有點荒謬，但筆者其實只是想要抱怨 Google Sheet API 實在有夠困難，或是說文件寫得比較特殊吧。特別是在 sheet 的格式調整上，比如調整字型大小或表格顏色的部分，有些功能一直到最後都沒有發現做法或相對應的 API，因此最後只好直接捨棄這些功能了。

知識補充站

AWS Identity and Access Management（IAM）：AWS 中管理對 AWS 服務與資源存取的身份權限服務。

IAM User：AWS 中的實體用戶帳號，可設定權限，用於訪問 AWS 資源。

AWS Organization：用於集中管理多個 AWS 帳號的服務，支援策略設定和資源共享。

AWS IAM Identity Center：提供單一登入解決方案，管理員可控制使用者對 AWS 和非 AWS 服務的訪問權限。

筆者誓誓唸（se'h-se'h-liām）

透過這兩個相對單純的日常維運工作，筆者希望能夠分享給讀者的是，雖然維運工作常常既繁雜又細瑣，會讓人做起來很沒有成就感，但將這些繁瑣的工作都透過工具自動化，筆者認為也會是 SRE 的精神之一喔。

五 │ 自動化工具的維護

在日常維運系列中可以看到非常多的自動化小工具，無論是為了快速
進出維護模式和調整白名單而開發的小工具，還是單純為了省時間
而開發的小工具，亦或是告警觸發流程中會應用到的 Lambda，都是
SRE 日常生活中不可或缺的工具。

而針對這些工具的維護與更新，就也會是 SRE 的工作之一。在這裡就
逐一向各位讀者分享其中的過程與遇到的挑戰。

Runtime 的升級

所謂的「Runtime」就是程式的執行環境，在我們的例子中大致上可以
說就是程式的版本。

針對這些自動化小工具，如果它們是使用 Lambda 做為執行環境的
話，最常見的維護就會是程式版本上的更新。事實上，這也是筆者在
進公司時最一開始所接到的任務，也是在當時因為還看不懂 Python 才
誤觸 P0 警報。

AWS 會在 Lambda 的特定程式版本停止支援之前送出通知，如同在第
一章〈監控系統〉第二節〈基本監控系統〉提過的，SRE 將訊息轉發

給產品經理後，會再由產品經理進行資訊的佈達與人力資源的調配。
在確認 Lambda 的負責團隊後，就交給該團隊各自負責。

而大量使用 Lambda 來執行自動化工具的 SRE，通常就會接到最多的
Lambda 更新工作。

在一般狀況之下，我們大概只要稍微確認程式面沒有太大的問題，直
接在環境上修改程式的版本，再稍微確認一下正常執行的狀況就可以
宣告完成了。

不過，當程式版本過於老舊的時候，就有可能會需要從頭檢視並翻新整
個程式，比如過去就曾經有從 Python 2.7 更新到 Python 3.9 的經歷，
光是將東西印出來的指令都有些微的差異，做起來就會比較頭痛一些。

筆者踅踅唸（se'h-se'h-liām）

雖然這裡是單純寫程式而已，但筆者對 Python 的理解與基礎建立
也是從這裡開始的，從一開始完全看不懂，到現在也漸漸能稍微重
構或改善前人所留下來的程式了呢。

部署工具的置換

部署工具相對 Runtime 升級而言，意外地複雜許多。但這裡所遇到的
問題大部分不是工作上必要，反而是筆者單純想要最佳化，也同時想
要提升自我能力的部分。

在這裡主要面對到的問題，是公司的主要部署工具，正在從過去主力的 CloudFormation 逐漸轉移到 Terraform。然而過去留下來的自動化工具，有可能沒有部署流水線（Pipeline）或仍然使用 CloudFormation。

除了沒有流水線這部分會需要建立之外，使用 CloudFormation 其實並不會有太大的問題。唯一的小問題是，一般我們會需要指定 Gitlab CI 的流水線工具環境，但前人所留下來的環境可能因為太老舊而需要一些更新，但這並不代表無法進行相關的部署。

不過，在進行新工具的開發時，筆者仍然期待能對齊公司未來的走向，並同時也希望可以練習 Terraform，因此雖然直接複製前人留下來的 CloudFormation 部署設定是最快的，但筆者仍然嘗試著在新工具或翻新舊工具的同時，能夠使用 Terraform 來做為 IaC 的工具。

當然，這一部分也是因為小工具本身是一個獨立且不會影響到其它人的個體，才能夠進行比較複雜的實驗。筆者也在這些實驗的過程中，透過遇到的各種困難逐步成長。

Terraform Module 與變數的傳入

由於 Terraform 對筆者而言是非常新的工具，因此在這裡的轉換中，筆者也遇過許多其實相當單純，卻在當時非常困擾筆者的問題。比如為了區分環境，筆者嘗試將各環境共用的資源做成「Terraform Module」，再在最上一層中加入可以 enable 或 disable 環境資源的另一層。最後變成總共有三層，除了 Root Module 之外，還有各環境以及彼此間相互共用的 Terraform Module。

但筆者在一開始並不知道，將變數從最外層傳到最內層，會需要在每一層都制定環境變數的相關設定，因此一開始一直撞到以下錯誤：

```
Error: Missing required argument
|
|     on ../env_resources/prod/module.tf line 1, in module
|     "shared_resources":
|     1: module "shared_resources" {
|
| The argument "lambda_package_s3_bucket" is required, but no
| definition was found.
|
|
| Error: Missing required argument
|
|     on ../env_resources/prod/module.tf line 1, in module
|     "shared_resources":
|     1: module "shared_resources" {
|
| The argument "lambda_package_s3_key" is required, but no
| definition was found.
```

一開始筆者還以為是 module 一定要傳一個寫死的變數進去，嘗試了數次後才發現，只要有一個從最外層傳進最內層的管道，那從一開始就不會有這個問題。

 知識補充站

Terraform Module：將 Terraform 的部分設定打包成一個整體，可供其它資源重複使用，也可以方便管理。

打包程式的環境

另一個問題則是打包 Lambda 程式時遇到的困難。

一開始筆者所使用的是來自 AWS 官方所提供的 Terraform Module，
如下：

```
module "lambda_function" {
  source = "terraform-aws-modules/lambda/aws"

  function_name = "my-lambda1"
  description   = "My awesome lambda function"
  handler       = "index.lambda_handler"
  runtime       = "python3.8"

  source_path = "../src/lambda-function1"

  tags = {
    Name = "my-lambda1"
  }
}
```

在本機測試部署時沒有遇到任何問題，卻在部署的過程中撞到以下的
錯誤訊息：

```
Planning failed. Terraform encountered an error while
generating this plan.
86 |
87 | Error: External Program Lookup Failed
88 |
89 | with module.lambda_function.data.external.archive_
prepare[0],
90 | on .terraform/modules/lambda_function/package.tf line 10,
     in data "external" "archive_prepare":
91 |   10: program = [local.python, "${path.module}/package.py",
     "prepare"]
```

```
 92 |
 93 | The data source received an unexpected error while
    | attempting to parse the
 94 | query. The data source received an unexpected error while
    | attempting to
 95 | find the program.
 96 |
 97 | The program must be accessible according to the platform
    | where Terraform is
 98 | running.
 99 |
100 | If the expected program should be automatically found on
    | the platform where
101 | Terraform is running, ensure that the program is in an
    | expected directory.
102 | On Unix-based platforms, these directories are typically
    | searched based on
103 | the '$PATH' environment variable. On Windows-based
    | platforms, these
104 | directories are typically searched based on the '%PATH%'
    | environment
105 | variable.
106 |
107 | If the expected program is relative to the Terraform
    | configuration, it is
108 | recommended that the program name includes the
    | interpolated value of
109 | 'path.module' before the program name to ensure that it
    | is compatible with
110 | varying module usage. For example: "${path.module}/my-
    | program"
111 |
112 | The program must also be executable according to the
    | platform where
113 | Terraform is running. On Unix-based platforms, the file
    | on the filesystem
114 | must have the executable bit set. On Windows-based
    | platforms, no action is
115 | typically necessary.
116 |
117 | Platform: linux
118 | Program: "python3"
119 | Error: exec: "python3": executable file not found in $PATH
120 |
```

經過資深前輩的提點，發現是因為該 Module 在部署的過程中會進行程式的打包，而該打包會需要 Python 的套件管理工具 pip，但因為我們所使用的部署環境沒有安裝 Python，因此遇到上述問題。

雖然我們也有幾個包含 Python 的其它部署環境，但該環境卻沒有 Terraform，導致筆者最後陷入動彈不得的窘境。

最後，非常意外地從前人留下來的 CloudFormation 部署流水線中得到靈感，才想到可以嘗試先自己打包到 S3 後，再直接指定 Lambda 的程式檔案位置。如下：

```
module "lambda_function_existing_package_s3" {
  source = "terraform-aws-modules/lambda/aws"

  function_name = "my-lambda-existing-package-local"
  description   = "My awesome lambda function"
  handler       = "index.lambda_handler"
  runtime       = "python3.8"

  create_package      = false
  s3_existing_package = {
    bucket = aws_s3_bucket.builds.id
    key    = aws_s3_object.my_function.id
  }
}
```

部署流水線與環境控管

部署流水線在過去的專案中，主要透過「Git Branch」的名字來決定部署的環境。比如我們會在部署規則中，制定只有在「prod」、「prep」、 「qa」等名字的 Git Branch 有新「Git Commit」時，才會觸發部署的流水線，並在流水線規則中將 Git Branch 的名稱代入相關的設定，像是 Lambda 的名字可能是「環境 - 專案名稱」，而「環境」這個變數就會等於 Git Branch 的名字。

在一開始使用 Terraform 來取代 CloudFormation 的時候，筆者仍然遵尋這一套部署原則，並透過「環境 .tfvars」來指定環境的特定變數。比如在部署到正式環境的時候，因為 Git Branch 名字為「prod」，因此流水線就會自動抓到「prod.tfvars」這個檔案。同樣的概念也會套用在「Terraform Workspace」和任何其它與環境有關的設定上。

然而，不同的資深前輩在這個地方的設定有比較不一樣的看法。有人認為這會導致不同 Git Branch 在設定上的混亂，比如在進行「Hotfix」之後，可能會需要透過各種「Cherry-Pick」來同步各環境的改動。此外，有時候在前一個環境的設定，也不一定會想要套用在正式環境上，這同樣導致各種問題。

筆者其實也有吃過這個苦頭，因此經過他的建議，筆者嘗試透過工作資料夾（working directory）的方式來區分不同的環境，再透過 Terraform Module 的方式來共用資源。雖然這也間接導致了前面於〈Terraform Module 與變數的傳入〉中提到的變數導入問題，但筆者在這裡也還是學到了非常多有趣的知識。

除了應該透過什麼方式來區分環境這個討論之外，筆者還有遇到另一個問題。在目前透過工作資料夾來區分環境的情況下，環境的部署與

否，應該要透過 Terraform 本身的設定，還是在流水線中加入手動部署的步驟呢？

比如是否部署 QA 環境，應該要在 Terraform 裡面提供 enable 和 disable 的設定，還是應該要在流水線中為不同的環境設定各自獨立的手動部署環節，在需要 QA 環境的時候就在部署時手動點擊該步驟呢？前者會導致每次啟用或廢止環境時都需要一個新的 Git Commit，而後者則可能造成部分環境不確定是否有被部署的狀況。

這個問題會在「需要打包程式」的時候變得更複雜。原本的流水線是打包完後進行部署，但在有不同環境的情況之下，每個環境都可能會需要一個獨立的「打包完進行部署」的步驟。或是說，其實可以打包的時候就所有環境都打包，之後再在不同環境透過指定打包路徑來部署。無論是哪種，都會是接下來筆者需要思考的問題。

最後，筆者非常「假勢（ké-gâu）」（自作聰明的台語）地認為，某些常用的流水線指令，為了避免在不同專案中重複使用，應該要建立另一個「Repository」來存放這些指令，並在每個新專案中都嘗試引用這個 Repository。

該設計本身當然沒有什麼問題，但因為筆者自己學藝不精的關係，反而導致在每次修改流水線的時候，要同時修改兩個 Repository。

比較良好的做法，可能應該是在幾個小工具中嘗試確認沒有問題以後，再進行後續的重構才對，一開始的好高騖遠不只沒有減輕維護上的困擾，反而增加了開發的麻煩。

知識補充站

Terraform Workspace：將 Terraform 的部分設定打包成一個整體，可供其它資源重複使用，也可以方便管理。

Hotfix：緊急修補的名稱，用於快速修正軟體中的嚴重錯誤，通常直接套用於生產環境。

Cherry-Pick：從一個 Git Branch 選擇特定 Git Commit 提交，並應用到另一個 Git Branch 的操作。

Repository：版本控制系統中用於儲存和管理程式碼的地方，支援協作和歷史追蹤功能。

筆者喢喢唸（se'h-se'h-liām）

流水線的建立在敝公司中其實並不是 SRE 的主要業務，而是由另一群專職的團隊來處理的。但因為小工具本身具有非常強的獨立性，因此筆者就得以在這裡自由發揮。

雖然在這個過程裡面真的是踩了非常多的雷，可以說是多到筆者有時候會開始思考到底這樣做有什麼意義的程度，但反過來想，每次踩的雷都會成為之後的經驗，沒有想像地那麼糟糕就是了。

比如說，GitLab 有一套為了 Terraform 專門開發的部署指令，就是在這個過程中意外學會的。

六 | AWS 服務的維護；與客戶的溝通

由於我們幾乎所有服務都是 AWS 原生的解決方案，而這些服務本身也會遇到諸如安全性更新等原因的維護，因此我們必須與客戶協調相對應的可停機時間，並在 AWS 的服務維護完成後通知客戶。

換個說法來講，這是一個介於 AWS、敝公司、以及客戶這三間公司之間的溝通過程。在該過程中會衍生出的溝通成本也比預期地高許多，雖然與技術層面的描述較少，但筆者認為這仍是做為 SRE 在日常無法避免的工作之一，因此也值得提出來與讀者分享。

SRE 身兼產品經理的困境

如同在第一章〈監控系統〉第二節〈基本監控系統〉中向讀者說明過的，在 AWS 發出服務維護通知時，SRE 會將訊息轉發給服務相關的產品經理，之後產品經理會再將訊息轉發給團隊進行後續的處置。而某些會因為維護而影響產品運作的服務，產品經理也同時要向客戶溝通並安排可維護時間。

不過，這個「向客戶溝通並安排可維護時間」的工作，過去其實是落在 SRE 身上的。其中一個主要理由，就是「安排可維護時間」除了要符合客戶要求之外，也同時需要向 AWS 進行一連串溝通。

因為 AWS 一開始所允許的可維護時間範圍，也許與客戶能夠接受的時間沒有重疊。因此向 AWS 發出維護延後的申請，也常會是必要的任務。然而，這個「向 AWS 發出維護延後的申請」在過去被視為是一種技術上的任務（要進入 AWS 的主控台），因此就與產品經理沒有直接關係。

然而，反過來說，工程師直接與客戶溝通似乎也越過或踩進產品經理的職責裡面，因此這件事情就成為了 SRE 團隊當時非常大的痛點之一。也是歷經了長時間的溝通協調之後，該任務才被產品經理全權接手處理。

SRE 則在交接這項任務給產品經理的時候，製作了一份 AWS 的使用說明手冊給產品經理的團隊，讓產品經理在使用 AWS 的時候不致於完全摸不著頭腦。

服務維護失敗的困境

AWS 的服務非常多，各自也有自己專屬的團隊在維護。因此，雖然同樣是 AWS 的服務，彼此間串接或整合也許不一定會有那麼一致的地方，而各團隊也有可能基於自己的狀況而有不同的問題。

「AWS Elemental MediaLive」（MediaLive）以及「AWS Elemental MediaConnect」（MediaConnect）的維護失敗就是其中一個我們所遇到的尷尬狀況之一。

MediaLive 是一個即時的影片編碼服務，MediaConnect 則是一個即時將影片串流到其它裝置的服務。由於筆者所負責的專案本質上就是一個影音串流平台，因此我們也使用了大量的 MediaLive 和 MediaConnect 服務，其中也包含了許多全天候不會中斷的電視頻道節目。

由於是全天候不會中斷的服務，在 AWS 發出維護通知的時候，我們就不能選擇在服務休息的時候進行維護，而是要與客戶協調出一個可以讓服務中斷的時間才行。這個時間通常會被選擇在半夜使用者比較稀少的時間段。

一般而言，SRE 會先透過系統排程設定好服務維護的時間，讓該服務在與客戶協調好的時間自動進入維護，也就是進行重開機的動作。隔天早上確認維護已經完成後，再將訊息轉達給客戶。

然而，MediaLive 與 MediaConnect 的維護會有失敗的可能性。更精確地說，我們會指定兩個小時的區間給這兩個服務進行維護，但過了兩個小時後這兩個服務卻完全沒有動作，並在隔天送出新一輪的 AWS 維護通知，提醒我們要額外安排其它時間進行維護。

事後我們知道，這裡維護沒有進行的原因，大概只是排隊沒有排上而已。由於 AWS 不會只有我們這個客戶需要維護，而每個服務裡面也不會只有一個節目要維護，因此這些自動維護的排程雖然都被安排在兩個小時的區間中，但也會有先後順序之分，以避免 AWS 本身的伺服器同時間承載過多請求。

不幸的是，有時候被安排在比較後面的服務，就會因為前面服務過多，耗費太多時間而來不及被更新。

這對我們來說是一個相當麻煩的問題。因為重新安排維護時間的意思就是，前面提到的所有繁瑣流程都要重新執行一遍。這不只是我們這方面的困擾，對客戶而言也是一樣的，因為他們也是需要花費時間溝通過才能安排出可維護的時間。

因此，在 AWS 解決這個問題之前，我們暫時就會讓 SRE 的值班工程師在半夜的時候，透過手動重啟（關機再開機）的方式，來讓服務獲得維護的更新。此外，確認更新後，我們還會需要馬上送維護完成的通知給客戶以讓他們確認維護完成。

自動化工具與客戶溝通困境

「讓值班工程師在半夜手動重啟服務」不只浪費人力，也沒有什麼實際意義。因此我們當時決定開發一套自動化工具來解決這個問題。

自動化工具的目的非常明確，需要有兩個以下的功能：

- 在指定的時間點重啟指定的服務（僅針對 MediaLive 和 MediaConnect）

- 在確認重啟結束後發送通知給客戶

該工具的開發本身是沒有什麼問題的。不過在我們使用該工具大約半年後，我們突然發現 AWS 似乎已經修好了維護可能失敗的問題。

原本想藉此移除工具並改回 AWS 原生的維護方案。然而，這次卻是在與客戶的協調上遇到了困難。

由於之前幾次的維護失敗，讓客戶已經失去了對這些服務在維護穩定度上的信任，也可能是因為他們已經習慣了我們在維護時的通知，因此他們雖然並不在意我們的維護方法，卻堅持要在維護結束後馬上收到維護完成的通知，但 AWS 原生的維護方案並沒有支援直接發送通知的功能。

雖然我們嘗試開發透過截取 CloudWatch Metrics，來自動化確認維護完成並發送通知的解決方案，但誠如前述，因為 AWS 各團隊的整合串接也還需要一些時間的關係，這部分的工具開發並不順利。

最後，我們不得不重回老路，使用當初所開發的自動化工具來進行維護更新。在 AWS 其實已經解決最初問題的情況下，因為以上原因而無法使用，就是我們在這裡所遇到的問題。

我們仍然期待未來客戶可以接受「不用立即發送通知」的請求。因為自動化工具的維護是一件相當麻煩的事情，而雖然工具本身已經相對單純，但只要有手動操作的部分，就仍然會有出錯的可能性。

因此，如果能回歸 AWS 原生的維護方案，就會是這個議題中，我們團隊最理想的目標。

重大 P0 事件

P0 事件並不常發生，但只要一發生就非常刺激，說起鬼故事來一個比一個還要精彩。因此，這類型的故事講起來常常都能津津樂道一番。

不過，SRE 最主要的工作還是確保系統的穩定度，以及日常維運的各種事務。因此，本書的文章編排仍以日常維運做為主要章節，一直到此才進入 P0 事件的系列。

這個系列的篇幅可能也不會太長，主要還是希望能先帶給讀者一個觀念，處理 P0 事件並非 SRE 的主要工作（也沒人希望是），而且大部分發生狀況的當下，SRE 也並非一定能真正起到什麼作用。

筆者曾經看過一句話：「軟體產品和教堂幾乎是一樣的，首先我們把它建好，然後我們開始祈禱。」（Software and cathedrals are much the same – first we build them, then we pray. by Sam Redwine）

下次遇到 P0 事件，也許去廟裡求神問卜一下，也是一種不錯的選擇呢。

一 ｜ 倒站又不倒站

事件

倒站警報

重大 P0 事件的第一個事件，是由一連串的 Pingdom DOWN 開始的。在第一章〈監控系統〉第二節〈基本監控系統〉中有針對 Pingdom 的介紹。簡而言之，該警報代表本身已經無法被存取，因此通常是最嚴重的警報等級。

在警報發生的時間點，該專案所有 Pingdom 有關的警報全部都叫了。換言之，不只是部分服務無法被存取，而是直接整個倒站了。

但最神奇的是，其實當下筆者嘗試直接存取該網站時，發現是完全可以存取的。而我們有一個負責對系統進行確認的團隊，也傳達了系統可以正常存取的訊息。

讀者到了這邊，也許可以稍微暫停一下，試著去想想看這裡發生了什麼事情，以及我們應該如何排查問題。

第一個想法當然是假警報，或是說 Pingdom 本身出現了誤判。如果是這麼單純，就不會被放在這邊介紹了。

事實上筆者自己在警報發生的當下，是處在非常六神無主的狀況。雖然嘗試著去理解 Pingdom 所回覆的訊息，但沒有得到任何結果。尤其在警報的當下還可以正常存取網站，幾乎要直接判定是 Pingdom 的故障了。

更精彩的是，其實當時另一個專案也傳來了嚴重 P0 事件的消息，因此大概有一段時間內，這個警報是處於被筆者擱置的狀態。

幸好，資深工程師這時傳來了透過 DNS 查詢工具所得到的結果，證實了該服務的整個 Name Server 已經被取代為新的狀況。

問題釐清

DNS 簡介

在解釋主因之前，我們需要對 DNS 這個東西有一定程度的理解。請參考圖 3-1-1，以 Google 為例，在說明使用者存取服務時的請求路徑：

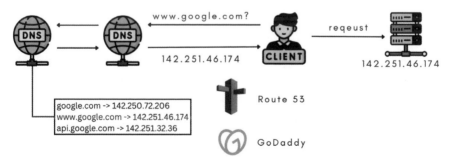

圖 3-1-1　DNS 原理，使用者存取服務時的請求路徑

當使用者（Client）在網頁輸入「www.google.com」的時候，會送出一個 DNS 請求給最近的 DNS 伺服器。伺服器本身會記錄該網址相對應的 IP 位址（142.251.46.174），並將該資訊回傳給使用者。

如果該 DNS 伺服器沒有相關資訊，就會朝更上層的伺服器詢問，直到某個有記錄相關資訊的伺服器為止。使用者獲得 IP 位址後，才會將原本真正的請求送到該 IP 位址所在的伺服器。

這邊需要注意的事情是，在這個 DNS 轉址的設定中，各個 DNS 伺服器的設定理論上要完全相同。但如果要更新設定，因為會是由比較上層的 DNS 伺服器先接收到相關設定，然後才慢慢將資訊更新給其它 DNS 伺服器。因此在設定更新後的一小段時間內，其實使用者仍有可能會存取到舊的 IP 位址。

這也與這次的事件有非常重要的關聯，因此讀者可以先記得一下這件事情。

與 DNS 相關的服務主要會有網域（domain）的購買與 DNS 轉址的設定。在 AWS 中與之相關的服務是 Route 53，也是我們這次事件中的專案所使用的服務。其它比較知名的就是 GoDaddy，而許多 CDN 廠商也會提供相關服務。

一般使用者在購買網域之後，可以再設定 DNS 轉址的設定。比如上圖中，Google 這間公司購買了「google.com」這個網域，然後再設定 DNS 轉址為「『www.google.com』轉址為『142.251.46.174』」，因此使用者輸入了「www.google.com」的時候，就會被轉址到

「142.251.46.174」。同時間 Google 還可以設定其它「Root Domain 為『google.com』」的各種轉址設定，比如「api.google.com」等等。

然而，任何人都可以在任何 DNS 服務的地方設定相關的轉址設定。比如說，筆者現在就可以進入自己 AWS 帳號中的 Route 53 服務，並在裡面設定「將『www.google.com』轉址為『123.123.123.123』」，但這並不會影響「www.google.com」原本的服務。這與 DNS 設定中另一個相當重要的 Name Server Record (NS Record) 有關。

請見圖 3-1-2：

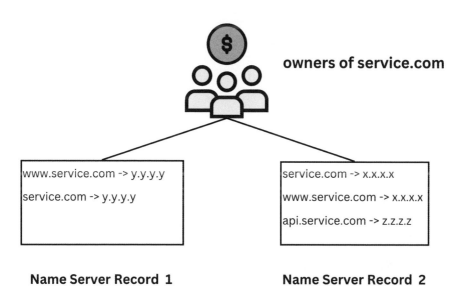

圖 3-1-2　Name Server 運作原理

在圖 3-1-2 中，以「service.com」這個網域為例。有兩個地方被指定了與之相關的 DNS 轉址設定，而這兩個地方各自有一個自己的 NS Record。

「service.com」的購買者 (擁有者)，則透過選擇 NS Record 的方式，來確認要套用哪一款 DNS 轉址設定。如果想要套用「將『www.service.com』轉址為『y.y.y.y』」的設定的話，就在已經購買好的「service.com」的頁面，指定 NS Record 為「Name Server Record 1」。

筆者踅踅唸（se'h-se'h-liām）

這些知識都是筆者在事件發生後才惡補起來的。P0 事件的其中一個好處，就是會強迫工程師補上不足的知識呢。

事件主因

在第二章〈日常維運〉第一節〈棒球賽〉中，有提到過專案本身是賣產品給另一個公司（客戶），而非直接面對使用者。針對 DNS 的合作方式，則是客戶自己購買了網域之後，透過將 NS Record 指定為我們的 DNS 轉址服務的方式，將 DNS 轉址相關的管理委派由我們處理。

而事件主因其實非常單純，就是 NS Record 被修改掉了。請參考圖 3-1-3：

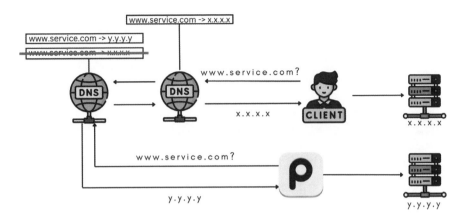

圖 3-1-3　NS Record 被修改

有了一些先備知識後，圖 3-1-3 就應該非常好理解了。在 NS Record 被修改之後，原本「將『www.service.com』轉址為『x.x.x.x』」被變成了「將『www.service.com』轉址為『y.y.y.y』」。

然而「y.y.y.y」的伺服器上面並沒有原本的服務，因此 Pingdom 在送請求的時候沒有得到預期的回應，就送出了 Pingdom DOWN 的警報。也因為改完 NS Record 之後，服務所有連結 (比如網頁或 API) 的 DNS 轉址都受到影響，因此所有與該專案有關的 Pingdom 警報都響了，才出現了倒站的結果。

然而前面有提到，在警報當下，其實我們還能夠正常存取網站。讀者還記得前面有提到，DNS 轉址設定會需要一點時間才能完全生效的事情嗎？我們還能夠正常存取網站的理由，就是因為距離我們最近的 DNS 伺服器，還存著尚未被修改掉的轉址設定。

換個說法，其實 24 小時內，我們應該就會陸陸續續無法存取網站了。
而實際上，在警報發生後大約 4 個小時左右的時間，的確就有使用者
開始回報無法存取網站的狀況。

筆者蛭蛭唸（se'h-se'h-liām）

從事後來看，我們所遇到的問題其實相當單純，就只要請客戶將
NS Record 修改回來即可。但不知道讀者有沒有在一開始，也自己
思考一下問題的成因呢？筆者想說明的是，如同 debug 一樣，要找
到問題發生的理由其實並非一件簡單的事情。

每個 P0 事件都會有一些獨立且特別的成因，要能成功找出問題並
接續處理絕非容易的事情。這些都相當仰賴每次的實戰經驗，難以
在事前學習或培養。而這也是筆者認為是 SRE 之所以珍貴的其中一
個理由。

處置

理解狀況後，我們接下來要做的事情其實相當單純，就是請客戶把修
改過的 NS Record 給修改回來即可。但這馬上迎來了第一個問題，就
是客戶為什麼要修改 NS Record 呢？

事實上，這裡的描述方式與實際的處理流程還是稍微有些差異。因為
我們首先要確認，客戶到底是否真的有進行這次的修改。雖然技術上

我們大致可以確認這件事情，但實際上要進行不失禮貌的確認，也是
會需要花點時間的。只是這一段主要會是產品經理的工作，與 SRE 的
工作沒有什麼具體的關係就是了。

在確認客戶的確有修改的過程中，我們也同時理解了客戶修改 NS
Record 的理由。其實非常單純，就只是因為他們想要修改某些 DNS
轉址的設定而已。具體而言，他們想要修改一個以及新增一個 DNS
Record。

而這個修改的正確流程，應該是他們會送修改的相關請求資訊給我
們。我們根據他們所提供的資訊，在正確的時間點執行相關規則的
修改。

但也許是因為某些溝通上或人員異動時交接上的誤會，導致他們最後
直接選擇先改掉 NS Record 之後，再自己執行 DNS 轉址的設定。當
然，這裡所提到的 DNS 轉址設定，就是他們自己另外有一個設定的平
台，而不是用我們的了。

解決了一開始提到的第一個問題，接下來馬上就面臨了第二個問題，
也就是溝通，或說是翻譯上的困難。由於在這個專案裡面的客戶是一
間日本公司，在第一章〈監控系統〉第三節〈系統警報概論〉中有提
到，一般在發生這種緊急狀況時，會有一位通日語的產品經理，來負
責傳達或翻譯相關的資訊。

在某些非常複雜的情況下，我們可能會必須跳過產品經理來直接跟客
戶溝通，而這次的事件就屬於這個類型。事實上，我們最後也是直接

與對方的產品經理溝通，而非對方的工程師，因為對方的工程師應該是完全不會說英語。

跳過產品經理直接向客戶溝通其實是相當罕見的狀況，因為這必須同時符合「是緊急 P0 事件」、「狀況複雜到產品經理難以翻譯」以及「相關操作必須交給客戶自己動手」這三個條件才行。一般而言，在一個事件中，以上三個條件只會一次符合兩個而已。

而在溝通的過程中，因為當下所有資訊都還不是非常明朗，因此從客戶的角度來看，他們無法理解為什麼我們希望他們修改 NS Record，而頻頻向我們確認這個操作的合理性，也再三要求我們要保證該操作不會破壞他們原本的設定。畢竟他們原本想要執行的 DNS 轉址設定，的確會在 NS Record 修改後被覆蓋掉沒錯，因此這個顧慮並非完全沒有道理。

而從筆者的角度而言，相關的設定修改是否能如預期修復網站，在當下也無法非常肯定，比較肯定的反而是，在溝通的當下，已經陸續有使用者開始反映網站無法存取的狀況（DNS 已經被更新了）。

由於修改完 NS Record 之後一樣會面臨比較近的 DNS 伺服器還沒有被更新的可能性（對使用者來說），在同時還要以英語解釋相關技術細節的情況下，壓力可以說是非常大。

非常幸運的是，在修改完 NS Record 後，我們非常迅速地收到了 Pingdom UP 的通知，代表我們的操作正確無誤。緊急問題已經解決之後，剩下的就會是流程的改善，而這部分主要就會是產品經理的工作內容了。

但必須承認一件事情，由於筆者在當時對 DNS 相關知識的理解不足，因此在更換了 NS Record 之後，筆者並沒有接續修改客戶原本預期要做的 DNS 轉址設定，導致其實整個專案有部分的服務是處在壞掉的狀況，或說實際上，筆者的某些裝置可以存取，但另一些裝置不行（一樣是前面提到 DNS 伺服器的設定同步問題）。

該問題一直到晚上，筆者左思右想之後覺得實在不太對勁，在真的搞懂這裡的問題並按照客戶的需求來修改 DNS 轉址的設定後，才算是完全解決。

技術心得

一直到現在，我們已經理解了整個事件的過程以及相關成因。這邊筆者想要分享當初有使用到，一些與 DNS 相關的指令和工具。這些都是由事件當下資深工程師所提供，且實際上有使用到的指令和工具。

指令

dig

- 指令格式：**dig DNS_SERVER SITE_URL**，可以用 **+short** 來只回覆 IP

- 詢問最近的 DNS 伺服器有關「service.com」的轉址設定（可能會有最近的 DNS 伺服器還沒有更新的同步問題）：**dig service.com**

- 詢問 Cloudflare 的 DNS 伺服器有關「service.com」的轉址設定：
  dig @1.1.1.1 service.com

- 詢問 Google 的 DNS 伺服器有關「service.com」的轉址設定：**dig @8.8.8.8 service.com**

- 詢問我們自己的 Name Server 有關「service.com」的轉址設定：
  dig @<ns_name> service.com

在事件發生的當下，由於 DNS 伺服器同步設定還沒完成，因此出現了「詢問 CloudFlare 或 Google」與「詢問最近的伺服器」的回應不同的狀況。這也是為什麼一開始，雖然 Pingdom DOWN 的警報已經響了，但我們與一般的使用者都還可以正常存取的狀況。

curl

- 問某個 IP 的細節（比如可以得知它是一個 CloudFront 的網址之類的）：**curl ipinfo.io/IP_ADDRESS**

工具

google 的 DNS 查詢工具

- 網址：https://toolbox.googleapps.com/apps/dig/

如果想要查詢 google.com 的 DNS 轉址設定，輸入該網址後可以得到如圖 3-1-4 的資料：

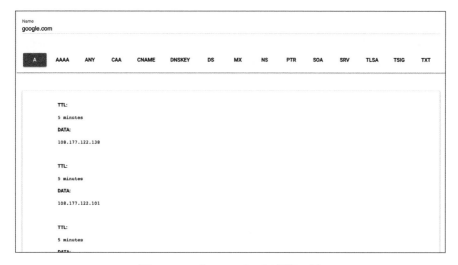

圖 3-1-4　Google DNS 查詢工具

WHOIS Gandi

■ 網址：https://www.gandi.net/en/domain/p/whois

輸入 google.com 後，可以在圖 3-1-5 中看到該網域最後的修改時間
（Updated Date）是 2019 年的 9 月 9 號（現在查詢可能是不同的）。
而在這次事件當下，我們發現專案的最後修改時間差不多就是在幾個
小時之前而已，且 Name Server 的設定也跟我們預期的完全不同，因
此才確認，應該是客戶在幾個小時之前修改了 NS Record。

```
Domain Name: GOOGLE.COM
Registry Domain ID: 2138514_DOMAIN_COM-VRSN
Registrar WHOIS Server: whois.markmonitor.com
Registrar URL: http://www.markmonitor.com
Updated Date: 2019-09-09T15:39:04Z
Creation Date: 1997-09-15T04:00:00Z
Registry Expiry Date: 2028-09-14T04:00:00Z
Registrar: MarkMonitor Inc.
Registrar IANA ID: 292
Registrar Abuse Contact Email: abusecomplaints@markmonitor.com
Registrar Abuse Contact Phone: +1.2086851750
Domain Status: clientDeleteProhibited https://icann.org/epp#clientDeleteProhibited
Domain Status: clientTransferProhibited https://icann.org/epp#clientTransferProhibited
Domain Status: clientUpdateProhibited https://icann.org/epp#clientUpdateProhibited
Domain Status: serverDeleteProhibited https://icann.org/epp#serverDeleteProhibited
Domain Status: serverTransferProhibited https://icann.org/epp#serverTransferProhibited
Domain Status: serverUpdateProhibited https://icann.org/epp#serverUpdateProhibited
Name Server: NS1.GOOGLE.COM
Name Server: NS2.GOOGLE.COM
Name Server: NS3.GOOGLE.COM
Name Server: NS4.GOOGLE.COM
```

圖 3-1-5　WHOIS Gandi 顯示的 NS Record 修改時間

筆者踅踅唸（se'h-se'h-liām）

人生還是不要遇到太多次像這樣的事件才好。

但也必須承認，這個事件應該是筆者成為 SRE 一年多以來，最精彩刺激，也是學到最多的一次事件。

然而，這邊最主要想分享給讀者的，還是希望讀者能從這裡看出我們在一個事件中，可能可以如何追查事件成因，以及如何解決的流程。也同時能讓讀者理解，SRE 在一個重大 P0 事件中可能扮演的角色。

當然還是必須再強調一次，SRE 的日常工作只有非常一小部分會撞到這種大型事件。而即使是大型事件，常常也會因為是程式面的問題，而讓 SRE 沒有主動介入的空間。像這樣如此麻煩，而且 SRE 必須全程參與的事件，真的只是一小部分而已。

二 | 在 Ubuntu 與 Memory Leak 共舞

事件概述

與第三章〈重大 P0 事件〉第一節〈倒站又不倒站〉，也就是上一節中的 P0 事件相同，整起事件的開頭是從一個 Pingdom DOWN 的警報開始的；而不同之處則在於，這次只有發生在某專案的其中一個小服務而已，但因為是無法存取的狀況，因此也還算是相對嚴重的事件。

由於該服務主要建立在 EC2 的解決方案上，並用 OpsWorks 進行部署，因此筆者馬上點進了兩者的主控台上查看，並在 OpsWorks 的主控台上觀察到，EC2 雖然能夠成功註冊到 OpsWorks，但接下來卻無法正常進行後續，也就是「Recipe」中有關各種程式的安裝步驟。

既然能夠成功註冊 OpsWorks，就代表這裡的問題並非在第二章〈日常維運〉第三節〈OpsWorks 註冊失敗〉中有提到的，有機會註冊 OpsWorks 失敗的情況。

在這種情況下，一般我們能做的就會是先查看各種能夠找到的日誌，而最先能想到的，當然就是 OpsWorks 的日誌。透過 **error** 之類的關鍵字來搜尋，最後從該日誌中可以找到以下的訊息：

```
## Populating apt-get cache...

+ apt-get update
Reading package lists...
Error executing command, exiting
```

從該訊息中我們可以發現，Ubuntu 的套件管理工具「apt-get」似乎出現了一些問題，導致所有我們需要的套件都無法安裝，進一步導致相關的機制無法運作。然而，筆者在當下完全無法找出來該問題的成因，在查了十幾分鐘後都還沒有任何進展。

非常幸運的是，另外一位資深前輩剛好還沒有睡（運氣真好），出面協助之後翻出了下面這一串日誌訊息：

```
[0mE: Failed to fetch <http://ap-northeast-1.ec2.archive.
ubuntu.com/ubuntu/pool/universe/libu/libuv1/libuv1_1.8.0-1_
amd64.deb> 503 Service Unavailable [IP: 18.183.160.212 80]
```

而這個問題說穿了其實非常單純，因為 EC2 在啟動的時候，會需要向 Ubuntu 伺服器拿取與作業系統相關的各種資訊。但因為 Ubuntu 伺服器的服務自己出現問題，導致我們一開始就無法完整地安裝作業系統。

這其實是一個 Ubuntu 的全球災情，因此也在許多地方出現同樣的問題。比如我們可以找到如圖 3-2-1 的討論（https://github.com/orgs/community/discussions/44171）。

圖 3-2-1　GitHub 上其他人對於 Ubuntu 全球災情的討論

然而，因為 Ubuntu 伺服器不在我們的管理範圍中，因此雖然理解了事件的成因，我們卻毫無辦法，只能等待 Ubuntu 伺服器自行修復才解決這次的事件。

與 Memory Leak 共舞

在這個事件中,服務要受到影響,必須符合以下三個條件:

■ Ubuntu 伺服器無法存取

■ 服務使用 Ubuntu

■ 伺服器剛好正在開機

因為我們的主要服務全部都有搭配自動擴展的機制,因此一般來說線上的伺服器不會只有一台。即使出現開關機的狀況,通常線上也還會有其它本來就開好的機器來支撐服務的可用性,雖然伺服器數量不夠可能會導致回應變慢,但還不致於到無法存取的狀況。

前述會發生 Pingdom DOWN 的狀況裡,其實只是剛好有其中一個服務,好巧不巧,舊伺服器正在全部被汰換掉而已。事後發現,其它服務也有一模一樣的無法開機狀況,只是尚有舊的伺服器支撐而沒有出現無法存取的結果。

然而,這個問題接下來卻逐漸演變成一個嚴重的不定時炸彈,並在任何時間點都有可能導致嚴重 P0 事件。因為我們其中一個服務被發現有 Memory Leak 的狀況,如圖 3-2-2:

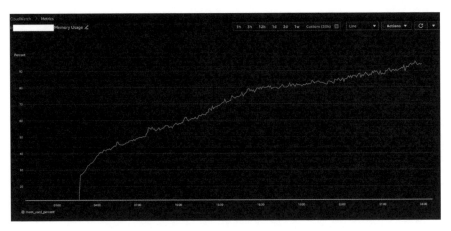

圖 3-2-2　服務中 EC2 的 Memory 隨時間使用量（Memory Leak）

每台使用該服務的伺服器，大約會在啟動後的 30 小時內出現記憶體使用量爆表的狀況。因為在該狀況下無法給出回應的關係，伺服器會被判定為是不健康的機器而被關掉（Terminated），並透過自動擴展機制來自動開啟（launch）一台新的伺服器取代之。

相信各位讀者應該可以看出這邊的問題了。這個每隔一段時間都必須要使用新機器來取代舊機器的狀況，只要很不巧地撞上了 Ubuntu 伺服器無法存取的問題，就有可能會導致新伺服器無法開啟。雖然在無法開啟的當下，仍然會有其它舊伺服器繼續運作，但也因為 Ubuntu 伺服器的故障可能會維持一段時間，只要這個時候其它舊伺服器也因為記憶體爆表而被迫關機的話，就會進入整個服務無法存取的狀況。

而實際上，這已經導致另一次重大 P0 事件了。也因為這件事情的急迫性，才促使我們的開發團隊投入了更多的資源來解決該 Memory Leak

的問題。說實話，也是非常感謝他們當時的協助，才能暫時解決這個不定時炸彈，不然在那之前，我們是先透過加大伺服器記憶體或是增加伺服器同時在線數量，來或多或少降低發生事件的可能性而已。

 知識補充站

Memory Leak：是指系統中已分配的記憶體未被釋放，導致隨時間積累，影響系統效能的狀況。

因應策略

雖然前述的 Memory Leak 最後有解決，但本文的主要問題卻尚待研究。對於 Ubuntu，我們基本上是無能為力的，因此我們就必須從其它角度切入才行。

首先，針對事件當下的緊急處置，我們所要做的就是避免陷入完全沒有機器的窘境，因此當 Ubuntu 伺服器已經出現異常的時候，我們要避免已經在線上運作的伺服器被關掉的狀況。

這個做法其實相當簡單，因為 AWS 本身在自動擴展的機制中就有給予相關的設定，該設定被稱做「Scale-in Protection」，也就是避免 EC2 在「scale in」的過程中被關機。

至於我們要怎麼知道 Ubuntu 伺服器出現異常呢？雖然我們直接監控 Ubuntu 伺服器的服務端點也是一種方法，但我們在這裡是透過設定 EC2 啟動失敗的警報來知道這件事情的。

因為 EC2 啟動失敗本身除了 Ubuntu 問題外，可能還有其它因素，因此是一個值得且本來就有被設定要監控的項目。在這件事情上我們就不需要再額外花費心力監控 Ubuntu 伺服器的狀況。

其次，針對比較長遠的處置，我們提出了 AWS Golden Image 的解決方案。這個方案簡而言之，是透過預先裝好大部分 EC2 啟動時所需要的資訊在映像檔（AMI）中，來避開伺服器在啟動時還需要向 Ubuntu 伺服器索取資訊的過程。

不過，最後我們因為其它原因而直接改採用容器化方案，因為容器化本身直接避免了這個結果，因此這個問題在之後就真正地完全解決了。相關細節則會在第四章〈重要事件〉第三節〈OpsWorks EOL & ECS Migration〉中再向讀者說明。

筆者踅踅唸（se'h-se'h-liām）

雖然這主要會是產品經理的職責，但在嚴重 P0 事件處理完之後，要如何究責也會是另一個學問，特別是我們有簽訂 SLA 合約的前提之下。

以上一節的 P0 事件而言，因為是客戶沒有按照合約行動，因此責任完全在他們那方。然而在這個事件中，究竟責任是否歸屬於我們

就會變得相當微妙。雖然技術上應該算是 Ubuntu 伺服器的問題，因此這應該不是我們的責任，但從客戶的角度來說，也可能會理解成是我們技術問題導致的服務中斷，因此而向我們究責。

雖然做為 SRE，我們只要把技術細節或相關資訊提供給產品經理即可，但如同在日常維運系列文章中的棒球賽事件一樣，筆者認為，一個稱職的 SRE 應該要能為產品經理多做這一層的思考，並進一步提供根據這個思考而獲得的有用資訊。在此也把這個想法分享給讀者們。

三	來自 **TD-Agent** 的挑戰

警報與初步處置

這個事件本身與第三章〈重大 P0 事件〉第二節〈在 Ubuntu 與 Memory Leak 共舞〉，也就是上一節中提到的 P0 事件遵尋一套幾乎一模一樣的模式。來自於 EC2 註冊到 OpsWorks 時，在 OpsWorks 裡執行安裝相關必要需求的時候發生錯誤。

因此在一開始收到系統警報的時候，筆者原本以為只是老毛病又犯了。但在經過日誌查詢後，發現了與之前完全不一樣的錯誤。訊息如下：

```
[2023-09-12T11:47:14+00:00] ERROR: apt_update[treasure-data]
(/opt/chef/embedded/lib/ruby/gems/2.3.0/gems/chef-12.18.31/
lib/chef/provider/apt_repository.rb line 59) had an error: Mix
lib::ShellOut::ShellCommandFailed: execute[apt-get -q update]
(/opt/chef/embedded/lib/ruby/gems/2.3.0/gems/chef-12.18.31/
lib/chef/provider/apt_update.rb line 80) had an error: Mixlib
::ShellOut::ShellCommandFailed: Expected process to exit with
[0], but received '100'
```

```
[0m  gnutls_handshake() failed: A TLS packet with unexpected
length was received.
```

```
[0mSTDERR: W: Failed to fetch <http://packages.treasuredata.
com/3/ubuntu/trusty/dists/trusty/contrib/binary-amd64/
Packages>  gnutls_handshake() failed: A TLS packet with
unexpected length was received.
```

在同一時間，已經下班的同事（負責部署流水線團隊的前輩）傳來了訊息，經過一番討論後，得知該問題其實在其它環境已經有被測試出來，該錯誤會導致 TD-Agent 無法被安裝（我們透過該服務來把日誌丟到 Fluentd server），而只要無法被安裝的錯誤出現，整個部署流程就一定會失敗。

換句話來說，經過初步確認，在沒有經過大修改的情況下，以目前的流水線，沒有任何新的 EC2 有辦法被開起來。這顯然是相當嚴重的事情，因為在上一篇的狀況裡，只要 Ubuntu 的伺服器修復後，新的 EC2 就可以正常被啟動，但這裡則無法透過緊急處置的方式完全修好這個新伺服器開不起來的問題。

不過，也幸虧於有了在第三章〈重大 P0 事件〉第二節〈在 Ubuntu 與 Memory Leak 共舞〉中的經驗，筆者馬上進入出問題的幾個服務的 ASG，先手動將目前還在運行中的 EC2，透過「Scale-in Protection」的方式來保護起來。如圖 3-3-1：

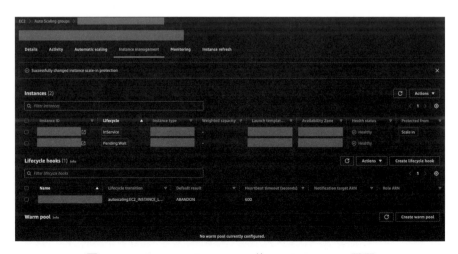

圖 3-3-1　Scale-in Protection 的 AWS Console 頁面

可以看到，在該 ASG 中有兩台 EC2，而新開的 EC2 因為在 OpsWorks 安裝套件失敗的關係，持續卡在 Lifecycle Hook 的「Pending:Wait」中（與第二章〈日常維運〉第三節〈OpsWorks 註冊失敗〉中所提到的狀況一樣），一直到 timeout 被關閉（terminate）為止。

而上面那台舊的「InService」的 EC2，則透過手動的方式先設定了「Scale-in Protection」，避免該機器誤被 ASG 關閉，而直接導致系統下線。

也因為有 Lifecycle Hook 的關係，Load Balancer 目前不會把流量導向另一台有問題的機器，因此服務雖然可能會有點慢，但還勉強堪用。

此外，在當下因為有三支 API 一起撞到這個問題，因此那三支 API 的 ASG 都一起做了相同的設定。

這裡也可以分享在 OpsWorks 主控台介面看到的狀況，如圖 3-3-2：

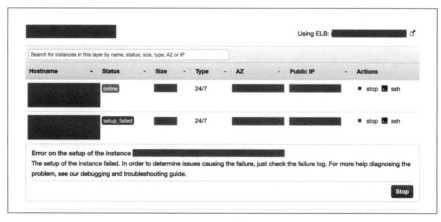

圖 3-3-2　OpsWorks 主控台，顯示機器開啟失敗的狀況

筆者踅踅唸（se'h-se'h-liām）

這個 P0 事件是在筆者參加鐵人賽時發生的，而發生事件的當下，
筆者正準備想要趕一下鐵人賽進度。這也許就是某種命中註定吧。

Promotion 與緊急處置

麻煩的地方在於，在發生警報的當下，即將要進入該專案的 Promotion
活動。事實上，該警報的發生也正是在因應 Promotion 而設立的預先
加開 EC2 這個過程中所撞到的。

由於目前的 EC2 數量絕對無法撐過整個 Promotion 活動，而在無法加
開新 EC2 的情況下，我們決定要直接原地升級已存在 EC2 的規格。透
過垂直擴展來解決無法水平擴展的問題。

在緊急得到產品經理以及主管的同意後，因為同時間也已經得到了其他
資深前輩的關心，所以當下我們就一起協助分工，有人負責換規格，有
人負責清除已經開失敗的機器，不同的 API 也分配給不同的人做，雖然
已經進入 Promotion 了，但最後也還算是及時避免服務直接下線的結果。

不過，其實在整個過程中，因為某些操作上的失誤而導致機器被誤刪
掉，因此有一度造成 Pingdom DOWN 的結果。有一支 API 原本尚存
4 台機器，但因為不小心被關掉 2 台機器，在最後 2 台依序升級的時
候，就短暫出現了服務無法存取的結果。所幸幾分鐘後就回來了，沒
有造成太嚴重的後果。

成因與短期解方

在筆者寫下這個段落的時候，還沒有找到具體的成因，比較肯定的事情是，這段應該沒有經過什麼修正的部署程式，突然在某幾段指令就發生錯誤了。

而具體發生錯誤的地方，則分別是以下與「GPG Key」有關的驗證錯誤：

```
[0m  gnutls_handshake() failed: A TLS packet with unexpected
length was received.
```

以及另一個與「treasuredata」的「TLS handshake」失敗：

```
[0mSTDERR: W: Failed to fetch <http://packages.treasuredata.
com/3/ubuntu/trusty/dists/trusty/contrib/binary-amd64/
Packages>  gnutls_handshake() failed: A TLS packet with
unexpected length was received.
```

雖然懷疑這與 Ubuntu 過舊有關係，但因為我們在使用的很多套件或甚至作業系統本身都過舊，在早就已經不再受到官方支援的情況下，本來就難以有任何的保證。

由於這裡的目的主要是要安裝 TD-agent，因此目前由其他前輩提到的解方，就是直接到 TD-agent 存放套件的地方（實際上是 S3），先手動把需要的套件下載存到我們自己家（也是 S3），之後需要該套件時，相關指令則修改成從我們家拿。雖然這會導致無法收取到後續的更新，但因為早就 End of Live（EOL），所以本來就不會有相關更新了。

至於後續比較長期的解方，可能則是要依序升級一些必要套件，但除了需要開發與測試的額外人力安排之外，也可能會需要再花點時間研究具體的成因。無論如何，至少目前系統已經可以正常運作了。

知識補充站

TD-agent：由「Treasure Data」所維護，用來協助安裝 Fluentd 的工具。

筆者誓誓唸（se'h-se'h-liām）

在這次的 P0 事件中，除了它本身是一個非常新的事件之外，筆者認為其中最特別之處，就是在於目前該事件的解決方案還停留在短期解方。與上一篇不同的事情是，只要肯投入人力資源進去，其實無論是成因的發現，還是問題的長期解決，都應該是可以預期的。

而筆者主要想分享的事情是，有時候公司基於人力資源的考量，可能會考慮先以比較臨時應對的方式來處理。人力畢竟還是一個非常珍貴的資源，因此會根據事件輕重緩急來去進行任務的安排或分配。而在處理類似這樣的系統狀況時，有時候為了節省人力，SRE 也有可能會需要提出一些單純短期用的解決方案。

四 | API 異常連線攀升

筆者誓誓唸（se'h-se'h-liām）

前面介紹的 P0 事件中，經過調查後，大部分的成因來自於公司外部，因此相對沒有什麼下手的空間。

在這次要介紹的事件中，成因大致上就比較能歸責於公司內部了，因此相對來說，也會有更多的施力空間。

讀者應該也可以從另一個角度，來看到 SRE 在一些重要的改善事項中，能夠扮演什麼樣子的角色或是起到什麼樣子的作用。

事件初步分析

相信各位讀者應該已經很熟悉這個系列事件的開頭，也就是一連串的 P0 警報了。而這次的警報數量非常多，宛如發生了某種程度的系統雪崩一樣。

此外，該事件也發生過至少 4 次，而每次會發出的警報都有些不同。因此，初步要先處裡的事情是盤點所有觸發過的警報。

警報盤點

在事件必定會發生的警報：

■ 某支 API（之後就稱為 A-API）回應時間大於 1.5 秒

■ API 的 HTTP Status Code 回應在單位時間內突破 200 個

■ API 的伺服器 CPU 使用量大於 90%

在事件中常常會伴隨發生的警報：

■ Web 服務的 Pingdom DOWN

■ Web 伺服器（該專案的 Web 服務建立在 EC2 之上）的回應延遲
（Latency）大於 1.0 秒

有時候會接續發生的警報：

■ API 的伺服器（EC2）啟動失敗

初步分析

在第二章〈日常維運〉第一節〈棒球賽〉中曾經提及，筆者認為 SRE 一
定程度上就是一個說書人的角色，在此我們又要開始充分發揮這個能力
了。因為這些警報的發生時間點都非常相近，而且幾次事件中都以類似
的模式出現，因此我們應該可以先預設這些警報彼此之間有些關聯性。

在這個前提之下，讀者也許可以先試著想想看，如果給了上面這些條
件，應該要怎麼切入並排查問題呢？

從筆者的角度來看，馬上會先出現以下 3 個猜測：

■ API 可能因為請求大量湧入，而導致伺服器來不及自動加開因應。因為來不及處理流量的關係，導致伺服器繁忙並出現 CPU 使用量過高的警報，並接續影響了回應時間以及因為 timeout 而導致的 5XX 回應。

■ 至於為什麼會出現 A-API 伺服器啟動失敗的狀況呢？這應該是在自動擴展，也就是開新機器的時候發生的。

■ 針對 Web 的狀況有以下兩種可能性：

- Web 本身伺服器出現故障，而該故障與 A-API 的服務有因果關係。

- Web 的服務本身沒問題，但在與 A-API 串接的情況下，因為後者出問題而連帶導致前者無法存取。當 A-API 回應緩慢的時候，Web 伺服器就會出現 Latency 增加的狀況；而當 A-API 直接無法回應的時候，Web 伺服器就會直接 Pingdom DOWN。

對於 Web 的成因相對單純，因為該服務本身並沒有出現其它異常警報，只是單純無法存取或異常緩慢而已。因此經過簡單的調查之後，先是確認了 Web 服務本身沒有問題，並進一步確認了 Web 與 A-API 之間的串接關係。

該 API 是服務那些沒有登入而只是單純瀏覽網站的使用者，因此可以判斷，是因為 A-API 的故障，才導致 Web 的讀取緩慢或無法存取。

至於為什麼會出現伺服器啟動失敗的狀況呢？這件事情其實在第二章〈日常維運〉第三節〈OpsWorks 註冊失敗〉中有提到。因為在短時間內大量向 AWS API 發出請求時，有機會出現請求失敗的狀況。

我們透過「UserData」和「Lifecycle Hooks」的解決方案來強迫註冊 OpsWorks 失敗機器要關閉，以避免幽靈機的出現，但關閉的時候會觸發 EC2 啟動失敗的警報。在這個事件中因為有大量機器同時加開的狀況，因此才會出現啟動失敗的警報。

成因細究

前面有提到，一開始筆者先猜測 A-API 故障的理由來自於請求的飆升，因此一開始是先試著以尋找請求飆升的原因來解決問題的。但翻開 CloudWatch 的圖表後，卻發現完全不是那麼一回事。

圖表觀察

請先參照圖 3-4-1、圖 3-4-2、圖 3-4-3、圖 3-4-4 這一系列與該 API 有關的圖表（橫軸皆為時間）：

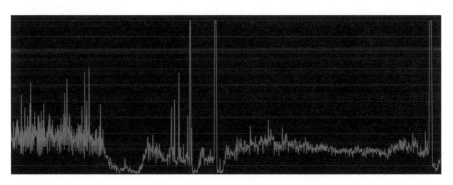

圖 3-4-1　API 伺服器的 CPU 使用量

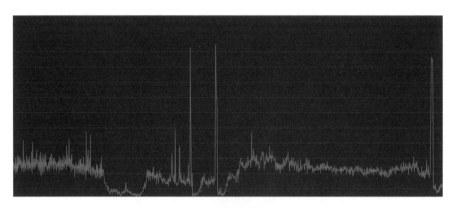

圖 3-4-2　API 伺服器的 Network In

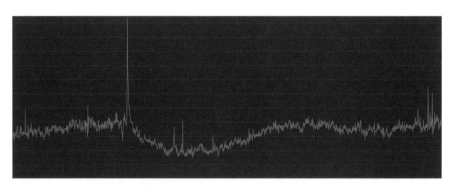

圖 3-4-3　伺服器前面的 Load Balancer 收到的請求量（Request Counts）

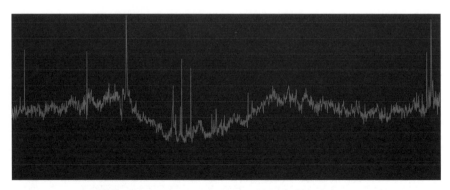

圖 3-4-4　伺服器前面的 Load Balancer 的新連線（new connection）數量

從圖 3-4-1 出發，可以看到 CPU 使用量共有三個異常高起的地方，這與事件發生的時間點一致，可以看出來在這三個時間點的時候，伺服器因為太過繁忙而無法給出回應。

接續看圖 3-4-2，可以看出針對該 API 所啟動的連線圖表，看起來與 CPU 使用量高度相關，幾乎可以判定為有直接的因果關係。也就是說，因為不明原因而產生的大量連線，導致了 CPU 使用量過高的這件事情，應該是可以被肯定的。

然而這個「不明原因」，原本猜測是短時間內的大量請求，卻在接下來的分析中遭遇到了困難。

請接續看圖 3-4-3，因為我們在 EC2 的前面放了 Application Load Balancer（ALB）來分散流量，因此在原本的猜測中，ALB 的請求數量也應該要出現類似的上升或下降的狀況。

但就如圖中所呈現的，我們幾乎可以直接判斷為兩者完全沒有因果關係，因為實在是長得完全不一樣。反而是有一個請求量似乎異常升高的地方，其發生時間點當下，API 伺服器其實沒有任何異常。

再接著看圖 3-4-4，在針對 ALB 的新連線數量中，偏左測有一個明顯高起的地方，有對應到圖 3-4-3 中的高峰，顯示請求大量出現的時候會導致連線數量飆升。這雖然合理，卻和本次事件看起來沒有任何關係。

不過，圖 3-4-4 中也可以看到中間偏左測，以及最右邊，也稍微有一些異常攀升之處，且似乎與前兩張有關 API 伺服器的折線圖有一些關聯。

這邊看起來能先得到一個不太肯定的猜測。雖然該異常事件與請求飆升可能沒有直接關聯，但 Client 端針對 ALB 的連線似乎可以看出一些端倪。

既然是連線數量的攀升，那是誰對我們的 ALB 進行連線呢？這當然會需要諮詢對這個專案比較熟悉的其他開發工程師或架構師才能知道，但我們也可以直接翻出 ALB 的日誌來確認。

日誌分析

幸運的是，我們針對主要服務的 ALB，都有啟動保留日誌的功能，因此找到放在 S3 的 ALB 日誌之後，就可以試著從裡面獲得一些異常資訊。

這邊也可以分享給讀者 AWS 的文件，有關閱讀 ALB 日誌的方式：「https://docs.aws.amazon.com/elasticloadbalancing/latest/application/load-balancer-access-logs.html#access-log-entry-syntax」

第一次閱讀日誌，滿有可能與筆者一樣直接迷失在浩瀚的字海之中。因此這邊，筆者也想簡單分享一下日誌的閱讀方式。

首先，一份日誌檔案中會包含好幾筆的日誌，每一筆日誌都會佔據一行的數量，並以空格的方式來區分其中的資訊。比如以下的格式：

```
h2 2023-07-07T18:51:30.584030Z abc-alb
h2 2023-07-07T18:52:31.584030Z xxx-alb
h2 2023-07-07T18:55:22.584030Z abc-alb
```

在以上這份日誌檔案中,共包含了三筆日誌,而每一筆日誌都分別包含三個資訊(以空隔區分)。

以第一筆日誌為例,它所包含的三個資訊分別是「h2」、「2023-07-07T18:51:30.584030Z」、「abc-alb」。

而我們要怎麼知道這三個資訊分別代表什麼意思呢?這時候我們就會需要透過 AWS 的文件來理解這些資訊各自的意思。

比如說,在 ALB 的日誌中,第一個欄位是請求或連線的模式,而「h2」是代表「HTTP/2」。只要按照文件提供的順序來拆解日誌,就可以理解這些資訊各自的意思了。

Field	Description
type	The type of request or connection. The possible values are as follows (ignore any other values): • http — HTTP • https — HTTP over TLS • h2 — HTTP/2 over TLS • grpcs — gRPC over TLS • ws — WebSockets • wss — WebSockets over TLS
time	The time when the load balancer generated a response to the client, in ISO 8601 format. For WebSockets, this is the time when the connection is closed.
elb	The resource ID of the load balancer. If you are parsing access log entries, note that resources IDs can contain forward slashes (/).
client:port	The IP address and port of the requesting client. If there is a proxy in front of the load balancer, this field contains the IP address of the proxy.
target:port	The IP address and port of the target that processed this request. If the client didn't send a full request, the load balancer can't dispatch the request to a target, and this value is set to -. If the target is a Lambda function, this value is set to -. If the request is blocked by AWS WAF, this value is set to - and the value of elb_status_code is set to 403.
request_processing_time	The total time elapsed (in seconds, with millisecond precision) from the time the load balancer received the request until

圖 3-4-5　AWS 文件中有關日誌的閱讀方式

從圖 3-4-5 中可以看到，實際上 Load Balancer 的日誌非常多，在上面的舉例中，其實只有拿出日誌的前三個資訊來做範例而已。但無論日誌有多長，只要按照文件一步一步拆解，要理解其內容絕不困難。

透過日誌的內容，我們也確實發現了一些看起來比較異常的地方，包含以下兩種：

■ 有大量的日誌顯示出以下的狀況：「從 ALB 轉送請求給 EC2，花費了大約 30 秒後，從 EC2 那裡得到了 503 的回應。」

■ 在上述狀況的日誌大量發生之前，可以發現有許多從 Android 平台送到某些 API 端點的請求。

當然，實際上的資訊是非常雜亂的，不過在觀察到似乎有以上的現象之後，我們似乎又可以開始講出一個有邏輯的故事：

「某個來自 Android 平台的服務，在針對某些特定或不特定的 API 端點送出請求時，可能會因為不明原因而導致連線數量增加。在連線數量增加的情況下，伺服器開始無法負荷後續的請求，進一步增加回應的速度或無法回應，因此接續發生一連串 503 的回應。」

從這裡開始，我們大致上可以判斷，這應該是程式面的問題了。這可能會是客戶端（Android）的問題，也可能是 A-API 自己的問題。但無論是何者，接下來就主要會是開發工程師的工作了。SRE 這邊所能做的事情，就是如實把調查到的結果與日誌呈現給產品經理與開發工程師，交由他們進行後續的處理與改善。

筆者誓誓唸（se'h-se'h-liām）

在這個事件中，筆者算是第一次認真地閱讀並理解日誌，也算是一個非常新奇的體驗。

不過最重要的，還是想與讀者分享在整個問題排查過程中的分析方式。根據一開始所獲得的警報來猜測事件的可能成因，並透過實際獲得的資訊來證實猜測的真實性。在否定猜測之後，透過更為細節的日誌進一步推測事件成因。

事實上，雖然日誌分析的結果是程式面的問題，但這個猜測一樣有可能在之後的調查過程中被推翻。雖然日誌的分析結果一般會有更高的真實性，但因為後續的調查並沒有 SRE 能夠介入的空間，因此也只能等待其他開發工程師的研究結果了。

另外一個也值得分享給讀者的是，SRE 除了將調查後的結果呈現給其它權責單位之外，也可以作為維運的權責單位來追蹤後續的改善進度。特別是在警報頻繁或嚴重影響系統可用性的情況下，能夠將系統的風險說明給產品經理理解，協助他們調度工程師的資源。筆者認為，這也算是 SRE 的責任或價值所在呢。

五 | 警報的改善 滾動式的進步永動機

前言

在經過一連串的嚴重 P0 事件後，不知道讀者對處理相關事件是否更有概念了呢？在第一章〈監控系統〉第三節〈系統警報概論〉中曾有初步提到過，因為 P0 事件的當下資訊非常多且雜亂，因此任何能夠協助值班工程師判斷狀況的工作都會受 SRE 所重視。

比如說，在第一章〈監控系統〉第四節〈第三方服務監控〉中所提到的監控系統，就是其中一個可以幫助值班工程師判斷警報的工具。概念上非常單純，就是在警報發生或使用者回報異常的情況下，透過該監控系統來協助判斷事件的成因是來自我們還是客戶的系統。

為第三方服務掛上監控系統是比較大的工作，因此獨立來討論。但針對警報的改善也有更細節或微小的改動，而且這些改動也不單純是針對 P0 等級的警報。

這一小節，就會專門針對這件事情向各位分享，筆者在入職一年來有做過什麼與警報改善相關的工作。

複合式警報

一樣是在第一章〈監控系統〉第三節〈系統警報概論〉中曾有提到過,警報設定的一個重要前提,就是在響起來的當下,看到的值班工程師必須要有事情可以做。然而,我們經過一連串的警報事件後,發現有部分警報其實並沒有符合這個要件,這個警報就是單一一台資料庫伺服器的 CPU 使用量超過 90% 的警報。

這個警報雖然不常發生(不擾民),但因為該專案共有 3 台資料庫伺服器做為最低台數的保證,因此當只有一台發生警報的時候,其實服務本身在使用上並不一定會受到影響,或頂多只有少數的使用者感覺網站比較緩慢而已。

而最重要的則是,在警報發生的當下,被叫醒的工程師從頭到尾只能看著自動擴展機制開啟新機器分擔流量之後,回報一聲系統回歸正常而已。但既然自動擴展會協助我們完成所有事情的話,根本就不會需要額外花費寶貴的人力,不是嗎?

因為這個警報本身對專案的危險程度不到非常高,而且工程師在警報當下也沒有事情可做,所以我們就開始著手思考如何改善這個警報的設計。

最後,我們決定將原本的警報放入 P1 等級的頻道裡面,並透過「CloudWatch Composite Alarm」來設立了一個「3 台資料庫伺服器 CPU 全部超過 90%」時的 P0 警報。

「將原本的警報放入 P1 等級的頻道裡面」主要還是因為，CPU 使用量超過 90% 仍然是一個不正常的現象，因此是一個需要在上班時注意到並處理的狀況。比如說，透過 AWS RDS 的「Performance Insight」可以觀察到不同 Query 的使用量，將使用大量資源的 Query 提交給後端工程師進行後續的最佳化工作，就會是其中一個可能性。

不過，「3 台資料庫伺服器 CPU 全部超過 90%」的時候，工程師到底可以做什麼呢？事實上在大部分的狀況下，工程師還是只能「等待自動擴展作業」的進行。

但全部資料庫伺服器都發生異常的狀況下，值班工程師還是需要先確認系統現在是否真的遇到除了流量過高之外的異常狀況，因此仍然算是有符合「要有事情可以做」的原則。而實際上這種警報相較於之前，發生頻率已經下降很多，也比較不會像一開始描述般地擾民了。

 知識補充站

> **Query**：是指對資料庫所下的請求，某些 Query 特別消耗效能時，就可能會被提出來進行效能改善的討論。

跨帳號監控串接

由於公司本身業務比較繁雜，再加上各種歷史因素，我們某些專案雖然自己會有一個主要的 AWS 帳號，但在使用某些服務的時候，會與另外一些不同的 AWS 帳號中的資源進行串接。也因為其它帳號中的資源可用性，會直接或間接影響專案的可用性，因此針對那些帳號中資源的監控也會是 SRE 的一個重要工作之一。

在過去，我們是透過直接在該 AWS 帳號中建立相關警報的方式來解決這個問題。但隨著時間的演進以及專案的複雜化，我們逐漸發現這種做法在管理上的困難。比如說，某帳號中既有為 A 專案服務的資源，也有為 B 專案服務的資源，或甚至某個資源同時為這兩個不同的專案服務。

在這個狀況下，我們要在該帳號中同時建立為了 A 專案和 B 專案而設立的監控系統，或是一個資源因為專案需求不同，而同時有兩個不同的監控系統。這些都造成了各種混亂，並大幅提升了後續維護上的困難。

幸運的是，CloudWatch 有推出一個跨帳號監控的功能，該功能主要是經過一連串帳號分享的設定之後，將 A 帳號的 CloudWatch Metrics 全部送到 B 帳號。在串接完成後，就可以直接在 B 帳號看到所有 A 帳號裡面資源的 CloudWatch Metrics 資訊。既然有 Metrics，那後續建立相關的 CloudWatch Alarm 就不會是什麼問題。

透過這個功能，我們現在成功把監控和警報統一放在專案的 AWS 帳號中管理。雖然 AWS 推出該功能看起來是為了讓客戶建立一個監控用的帳號，並將其它帳號中的監控資訊集體往該帳號傳送，但目前我們還是先以專案為單位來進行監控。也許未來的改善會朝這個方向前進也說不定。

另外，因為會建立一個新的帳號來管理某些資源，通常也是因為有一個特定的團隊在專門開發或維護相關資源。也因為該資源本身有一些特殊專業性，不是我們平常熟知的 EC2、RDS、ElastiCache 之類的服務，因此在監控這些服務的時候，也常常會需要和其它團隊的工程師協調，向他們諮詢以理解服務異常的定義，在警報發生時有後續行動建議的討論前提下來建立相關的警報。

雜訊刪減

雜訊刪減的概念非常單純好理解，就是把不需要的警報雜訊給去除掉的工作。所謂雜訊，其實也就是收到後不清楚後續行動，且因為數量龐大而影響判斷的警報訊息。因此刪減相關雜訊其實也符合前面有提到過「工程師要有事情可以做」的要求。

道理相同，在第一章〈監控系統〉第三節〈系統警報概論〉中曾經有提到，P1 的頻道訊息是上班後要關心的訊息，但筆者負責的專案在過去的一段時間中，其實 P1 頻道裡面堆放了各種雜訊，也就是響了之後不確定要做什麼的訊息。

當時的狀況，有點像是把除了正式環境以下的其它環境都往這裡丟，因此該頻道裡面充斥著非正式環境的各種訊息，以及許多從其它 AWS 帳號傳來的資訊（也就是前一段中提到的，建立在其它帳號中的監控系統）。

而筆者會開始重新整理，主要還是因為，我們某個負責收日誌的伺服器因為記憶體過量而故障。我們一直到事發過後很久才發現，但其實相關警報早在之前就已經被送到 P1 頻道，只是被其它雜訊給淹沒了。

事實上，筆者曾經一度以為我們沒有設定相關監控，還因此與產品經理協商，要花額外資源來建立相關監控警報呢。

為了避免該狀況再度發生，筆者因此決定要花時間重新整理 P1 頻道的警報。經過與團隊的多次協商，最後直接刪除了針對非正式環境的監控，將單純記錄系統日誌的訊息移到「Normal」頻道，並將「沒有後續行動，但工程師要稍微知道一下」的訊息移到 P2。在 P1 頻道中則保留那些「確實要在上班時處理」的警報。

整理乾淨之後，P1 頻道裡面大概是兩到三天才會出現一個訊息了，變得相當好維護，也終於不再只是沒有人會看的裝飾用頻道了。

事實上，兩個小節前的〈複合式警報〉中有提到，單一資料庫的 CPU 使用量過高的警報，也是在 P1 頻道被整理乾淨後才被移進去的。

以 Chatbot 取代 Lambda

在第一章〈監控系統〉第二節〈基本監控系統〉中有提到過我們的基本監控系統，為了喚醒讀者的記憶，請參考圖 3-5-1：

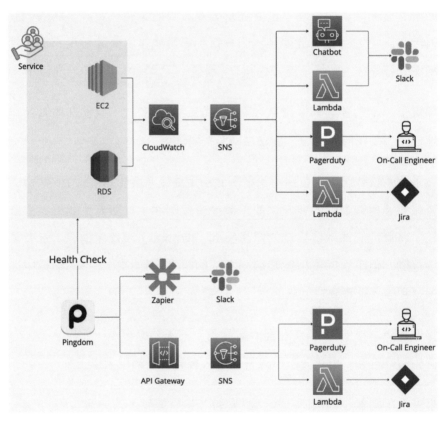

圖 3-5-1　服務可用性監控架構，與圖 1-2-1 相同

在 CloudWatch Alarm 被觸發並把訊息送到 SNS 進行訊息傳遞之後，後續接收訊息並傳到 Slack 的方式總共有兩種。一種是 AWS Lambda，另一種則是 AWS Chatbot。

這邊也許可以讓讀者試著想想看這兩者的差異,以及各自的優缺點。

在一開始 AWS Chatbot 還沒有被推出或普及之前,我們主要是透過 AWS Lambda 來進行訊息的整理以及到 Slack 頻道的再發送。

這絕對不是一種比較差的方式,而且 AWS Lambda 提供了非常有彈性且可以客製化訊息內容的方式。比如說,訊息本身可以透過「@channel」來對 Slack 的頻道發出明顯通知的功能,而這也是 AWS Chatbot 所不具備的(不過讀者閱讀的當下,說不定是可以的,因為 AWS 的功能也日新月異)。

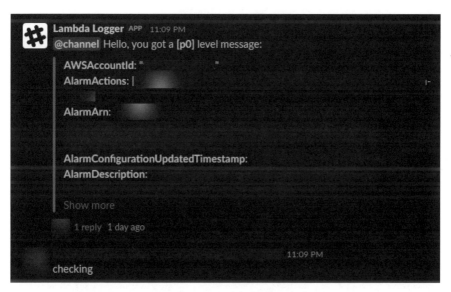

圖 3-5-2　透過 AWS Lambda 來發出的 Slack 訊息

然而,透過實際寫程式來客製化訊息內容非常方便,但程式本身卻增加了不少維運上的成本。由於我們大部分的自動化工具都是以 Python

寫成的，因此當 Python 版本的服務終止時，我們就需要一併更新 Lambda 的 Python 版本。

事實上，筆者在剛入職的時候，就接過一些要從 Python 2 更新為 Python 3 的 Lambda Function，它們甚至連「print」後面有沒有括號都不一樣，在當時吃了不少苦頭。

因此，在比較新的監控系統中，我們都儘可能地串接 AWS Chatbot，並在其它類似的狀況中儘量避開自己透過 Lambda 寫程式的解決方案。

不過因為 Chatbot 本身沒有「@channel」的功能，因此當初也花了一些時間與產品經理溝通，來獲得他們的理解。

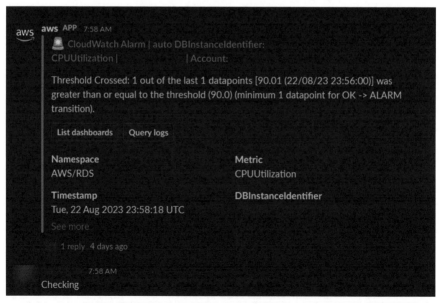

圖 3-5-3　透過 AWS Chatbot 來送出的 Slack 訊息，與圖 1-3-1 相同

總而言之，能夠自己寫程式是最有彈性的，但與後續維護成本之間，我們仍然在尋找一個比較良好的平衡點。

筆者踅踅唸（se'h-se'h-liām）

警報改善接續了嚴重 P0 事件，到這裡也算是告一個段落了。處理 P0 事件只佔據 SRE 工作的一小部分，警報的改善工作也不是天天在做。SRE 最主要的工作還是在日常維運的事務。

不過，警報改善的工作讓筆者重新意識並理解我們設置警報的出發點，而每次嚴重 P0 事件的發生，也都能讓筆者學到非常多知識，對於累積經驗也有相當大的助益。

將這部分的資訊分享給讀者，也希望這一系列的分享能夠讓各位有所收穫。

Note

重要事件

SRE 日常的事務是保持系統的穩定,因此會有許多日常維運,以及處理重要事件時相關的工作。在第一章〈監控系統〉與第二章〈日常維運〉中提到的工作大多沒有結束的日期,是屬於會重複發生或要持續改進的工作。

但也會有另一種工作,屬於與 SRE 有關,但可能只是單次的任務而已,比如各種系統的搬遷或升級。或可能是並非那麼典型的維運工作,但基於各種理由還是落在了 SRE 的身上,比如我們公司想要獲得的 ISO 27001 證照等等。

這些任務雖然看起來都是一次一次發生的,但有些任務常久做下來,從頻率上似乎也與日常維運沒有什麼不同。無論如何,這些任務的切入點,通常還是因為某些特殊或不常見的要求,因此筆者認為值得與第二章〈日常維運〉中的事件分開,用另一篇主題獨立分享。

一 | ISO 27001

ISO 27001 比較偏向資安，其實與 SRE 不一定有直接關聯，因此在敝公司中，實際上也是根據產品經理與團隊的討論之後才決定分派給 SRE。雖然這些可能傳統上認知不屬於 SRE 的工作，但因為暫時沒有專門設立資安部門的關係，工作就先落到 SRE 身上了。

ISO 27001 簡介

「ISO/IEC 27001」，按照維基百科的說明，全名為「《資訊科技一安全技術一資訊安全管理系統一要求》（Information technology — Security techniques — Information security management systems — Requirements）」，是一種用來規範資訊安全管理的國際標準。

在第一章〈監控系統〉第五節〈資料庫異常登入監控〉中，筆者曾經用便當的食品安全來做比喻。便當本身的口味如果是一種 feature 的話，那不同口味的便當就相當於是擁有不同 feature 的產品。

但 ISO 27001 更關心的不是便當的口味，反而是便當食材的食品衛生安全問題。關心這件事情雖然不會直接影響吃飯的人，但在比如食物中毒之類的食安危機時，就會起到關鍵性的作用。

在軟體開發上，ISO 27001 不會關心產品的功能，而是與資安相關的事務。比如資料庫是否有定期進行備份之類的行動。

因此，這是一個不會直接影響使用者體驗的事務，但可以增加這個系統的安全性與應對風險時的韌性。換個說法來講，這是一個平常感覺沒有特別用處，但在系統遇到重大危機時可以有所幫助的工作。

透過一系列針對系統的改善，再經過專業團隊的認證之後，該專案就可以獲得一個 ISO 27001 的證書。後續則會有一年一度的稽核，需要每次檢核都有受到認證，才可以繼續維持這個證書。

改善項目，以 RDS Audit Log 為例

在稽核過後，通常會根據風險等級列出不同的「不符合項目」，但不符合不一定代表拿不到證書，而是需要制定相關的改善計畫，並在下次的稽核中確認改善的進度。

在第一章〈監控系統〉第五節〈資料庫異常登入監控〉中所提到的監控系統，就是為了符合 ISO 27001 而做的監控。換句話來說，架設資安相關的監控本身就可以算做是一種改善。

此外也有一些非監控的案例，比如針對資料庫這個服務執行一般的日誌蒐集，就是相當經典的一個案例。這個要求並非期待專案會需要在日誌蒐集後進行下一步的處理，而是要蒐集後把日誌給整理到其中一個地方而已。

因為我們透過 AWS RDS 來架設資料庫的服務，而這個要求在 RDS 中剛好有一個相對應的功能，被稱之為「RDS Audit Log」。因此，一開始筆者原本以為只要啟用該功能後，就可以理所當然地解決這個問題。

成本控管

然而，在隔了一個週末後，我們收到了預算爆表，要緊急關閉這個設定的請求。

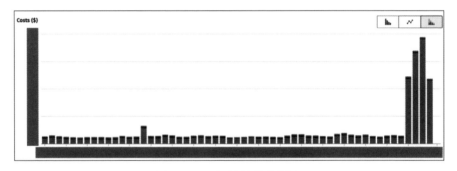

圖 4-1-1　預算花費的圖表

如圖 4-1-1，讀者可以看到後面的花費大約是原本的至少十倍以上，而且這並非是針對該單一功能，而是整個 AWS 帳號預算的十倍。

雖說是緊急關閉，但因為是在正式環境所做的改動，因此還是需要透過產品經理的同意，並做出不影響服務的保證之後才能關閉，因此實際上也還是要花上一點時間溝通或同步資訊。

而之前有曾經聽資深前輩分享過，做資訊安全本身就是要砸錢去做的，這件事情也是現在才開始有比較實際的感覺。

無論如何，在緊急關閉之後，下一步就是尋找原因並推出下次的解決方法了。

預算初步研究

首先，預算會超乎預期，當然最主要就是在於我們的 RDS 日誌數量太過龐大的關係。RDS Audit Log 在啟用之後，會將資料庫的日誌傳送到 CloudWatch Log 做保存。當初在計算預算的時候，雖然思考過了在 CloudWatch 保存（retention）的費用，但這次造成預算爆表的主要原因，卻是 RDS 在把 Audit Log 傳送到 CloudWatch 這個過程中的傳輸費。

釐清了主要預算爆表的原因後，我們初步得到了以下三種可能的解決方案：

■ **減少必須傳送的日誌的數量**：根據 AWS 的文件（https://aws. amazon.com/tw/blogs/database/configuring-an-audit-log-to- capture-database-activities-for-amazon-rds-for-mysql-and- amazon-aurora-with-mysql-compatibility/#:~:text=Configuri ng%20the%20audit%20log%20to%20capture%20database%20 activities），我們可以透過調整 Audit Log 的參數（「server_audit_ events」、「server_audit_excl_users」、「server_audit_incl_ users」），來選擇性地傳送必要的資訊。如果能夠在符合 ISO 27001 要求的前提下，將日誌數量減少到不會超過預算的情況，那就可以成功解決這個問題。

- **直接將 RDS Audit Log 傳到 S3 保存**：根據一篇非官方教學（https:// medium.com/inside-personio/reducing-rds-audit-logs-cost-by- over-90-percent-57866fda1a72），我們可以直接透過 Lambda 來索取 RDS Audit Log，在 Lambda 經過加工後再直接傳到 S3 保存。該 Lambda 則是透過 EventBridge 來觸發。畢竟真正花錢的地方在於「從 RDS 到 CloudWatch」的這一段，因此避開這一段就可以省下不少錢。

- **將 RDS Audit Log 從 CloudWatch Log 傳到 S3 保存**：根據另一篇非官方教學（https://www.accuwebhosting.com/blog/export-rds-logs-to- s3- bucket-automatically/），我們可以透過一支 Lambda 來自動將 CloudWatch Log 給輸出到 S3 以進行後續的日誌保存。這是一種可以避開 CloudWatch Log 保存費用的方式，不過該方案其實沒有處理到真正花錢的部分，因此當時雖然剛好有查到這個做法，但馬上就被否決，單純參考用而已。

方案選擇

在前面的三種方案，除去第三種單純參考用的教學外，我們一開始是傾向於使用第一種的。最重要的理由還是在於說，我們想要儘可能地減少後續維護上的成本。

根據第二種方式的教學，雖然它宣稱可以減少 90% 以上的預算，但我們還沒有親自證實過這件事情。而它所使用的方式除了會增加後續 Lambda 的維護成本外，我們也不是很肯定該架構有沒有可能會出現我們預期之外的狀況，比如串接上或是後續維護上的問題。

相較於此，第一種解決方式的資訊來源是官方資料，而且所有的改動都是在 RDS 原本的設定中去調整參數，因此不只不需要維護自己寫的程式，在架構上也非常單純好維護。

因此從一開始，我們就決定要往第一種方向去進行深入的研究。

實驗與調整

「server_audit_events」主要是在選擇不同的資料庫事件，參數選擇上總共有五種，分別是「CONNECT」、「QUERY」、「QUERY_DCL」、「QUERY_DDL」、「QUERY_DML」、「TABLE」；至於「server_audit_excl_users」與「server_audit_incl_users」則是用來選擇使用者的身份，比如我們可以選擇只記錄某些使用者的操作行動而已。可以參考圖 4-1-2：

Configuring the audit log to capture database activities

Configuring the audit option is similar for both Amazon RDS for MySQL and Amazon Aurora MySQL. This section explains how to configure the audit option for different database activities. A database activity is defined as `server_audit_events`, which contains the comma-delimited list of events to log. There should be no white space between the list elements. You can log any combination of the following events:

- **CONNECT** – Logs successful connections, failed connections, and disconnections. This value includes the user information.

- **QUERY** – Logs all query text and query results in plain text, including queries that fail due to syntax or permission errors.

- **QUERY_DCL** – Similar to QUERY, but returns only DCL-type queries (GRANT, REVOKE, and so on).

- **QUERY_DDL** – Similar to Query, but returns only DDL-type queries (CREATE, ALTER, and so on).

- **QUERY_DML** – Similar to Query, but returns only DML-type queries (INSERT, UPDATE, and so on).

- **TABLE** – Logs the tables that were affected by running a query. This option is only supported in advanced auditing for Amazon Aurora MySQL.

Use the `server_audit_excl_users` and `server_audit_incl_users` parameters to specify which DB users can be audited or excluded from auditing. The following are the possible combinations:

- If `server_audit_excl_users` and `server_audit_incl_users` are empty (the default), all users are audited

- If you add users to `server_audit_incl_users` and leave s `erver_audit_excl_users` empty, only those users added to `server_audit_incl_users` are audited

- If you add users to `server_audit_excl_users` and leave `server_audit_incl_users` empty, only those users added to `server_audit_excl_users` are not audited, and all other users are

- If you add the user to both `server_audit_excl_users` and `server_audit_incl_users`, the user is audited as specified in `server_audit_incl_users`, which takes precedence over `server_audit_excl_users`

CONNECT events are logged for all users even though the specified user is in the `server_audit_excl_users` or `server_audit_incl_users` list.

圖 4-1-2　AWS 文件截圖，描述關於 RDS Audit Log 相關選項的定義

參考了 ISO 27001 的要求之後，一開始筆者原本認為只要開啟「CONNECT」和「QUERY_DDL」兩種即可，因此筆者隨即在測試環境中的資料庫開始進行相關測試。

雖然的確有降低成本的狀況，但非正式與正式環境之間的流量差異巨大，因此要估算出正式環境的狀況仍然相當困難。最重要的是，其實

當時粗估的結果似乎仍比預期還要高一些，因此曾一度想放棄這個方式，改嘗試前面提過的第二種方案。

幸運的是，因為資料庫要開始切分不同使用者的關係（也是因為 ISO 27001 的要求），因此我們反而可以從使用者身份這個角度切入了。

在切分使用者之前，我們的一般開發者和程式共用了同一組資料庫帳號，之後我們則是每一個真人使用者都擁有自己的一組資料庫帳號。

因為有這個區分，我們可以透過只選定真人並排除機器使用者的方式，來大幅減少日誌數量。因為開發人員實際上在正式環境中存取資料庫的機會非常少，因此需要的花費可以說是幾乎沒有。

原本預期使用者的增減會是後續維護上的成本（比如新增一個使用者，就會需要新增一個日誌規則），但也因為可以透過「server_audit_excl_users」來直接過濾「非機器使用者」而沒有這個成本。唯一可惜的是「CONNECT」不能區分使用者，但已經非常夠用了。

定期事務

雖然改善事項通常是一個完成之後就算是結束的工作，但也會有一些只要想保有這個證照，就會需要定期檢視的任務。比如定期盤點營運關鍵系統的 CPU 或 memory 使用量等等。

針對類似的工作，產品經理通常每隔一段固定的時間（比如一個月或一季）就會來提醒我們盤點的事宜，而我們則是透過截 CloudWatch 上面的圖來回應。因為一般狀況下系統都不會有什麼太大的問題，因此 CPU 的使用量都是處在健康的狀態，透過像這樣子的截圖來達到定期檢視的要求。

另外一個要定期執行的任務則是模擬重大 P0 事件的解決流程。雖然在第一章〈監控系統〉第三節〈系統警報概論〉中曾有提到過，我們一直都有一套固定的緊急事件應對流程，但在事情發生的當下是否能夠確實針對事件做出合理的處置，則仍然是一個未知數。

特別是在承平時期，如果系統長時間沒有任何狀況，那即使應對流程足夠完善，實際的操作者也可能因為已經忘記流程，而導致緊急事件的當下無法有效處理。

因此，我們每一年都會選擇一個時間來模擬重大 P0 事件發生當下的緊急處置。透過一個 P0 事件的劇本，事先安排各個職位的角色，完成這次事件的演出之後，再進行檢討會議來確認改善事項。

從以上的定期事務看得出來，因為許多工作已經變成是日常定期舉辦的事項，因此從這個角度來看，ISO 27001 也幾乎要成為一個日常維運的工作了。

溝通、協商、人力資源分配的挑戰

在之前有稍微向讀者分享過，因為敝公司目前還沒有專門設立資安單位的關係，因此一些 ISO 27001 中與資安相關的工作就落在了 SRE 身上。

處理這些不熟悉的任務本身也是學習的一環，但是一來 SRE 比較會從維運穩定性的角度出發，因此可能產生資安角度的盲點；另一方面 SRE 的人力配置本來就不足以應付額外的資安工作。因此在這個地方就容易產生一些需要溝通協調的部分。

以「資安異常行為」這類事情為例，SRE 作為維運專業的團隊，有可能會傾向於覺得從權限的角度來控管，透過完整的權限規劃來避免使用者做出超出他們權限範圍的行動即可。

但從另一個角度來看，即便在做出完整的權限規劃之後，仍然應該要進一步針對沒有授權的行動進行監控。在無授權行動出現的時候，發送緊急通知給相關的權責單位。

上面這一段聽起來非常合理，但是在實施上面卻會需要非常充分的人力配置才有可能達成。因為光要盤點沒有授權的行動本身，就已經有可能會需要花上大量的時間和人力，更不用說還要針對這些行動掛上監控系統。

此外，ISO 27001 在許多改善事項上，反而是要求我們要自己提出相關的改善方式或細節。比如密碼複雜度的設定上，並沒有一套規則

要求比如密碼的長度之類的，反而是我們要自己制定。這當然其實是一個非常合理的規則，因為每個系統有各自的特點，會遇到的問題也不盡相同，因此在這邊保有讓系統管理者自己決定的彈性也是可以理解的。

但上面這些事務每一項都是一個需要花時間處理的工作，而且也有其相當程度的專業性。因此在人力吃緊的情況之下，有時候就會需要透過更多的溝通或協商來達到能夠符合要求，但又可以有效利用現有資源的方式。

比如說，AWS 的資安工具雖然非常方便，但有時候會因為掃描出預期之外的東西，我們反而會改採用比較人工的方式來解決問題。雖然一切從簡，但還是能夠符合 ISO 27001 的要求。

筆者踅踅唸（se'h-se'h-liām）

我們最後還是有成功地拿到 ISO 27001 的證書。

但筆者也意識到，這個工作絕對是一個需要花費大量人力與時間成本的工作，當然也並非一朝一夕可以完成的任務。

從這兩篇介紹的文章中也可以看出來，除了技術上的切入點外，各種非技術的問題也會在這種大型任務中浮出水面。

這也與筆者從一開始就想要分享的心態一樣，就是 SRE 是一個不只技術能力重要，溝通或其它軟實力也同樣非常重要的工作。

二 │ 更換 CDN 廠商

第二個重要事件，來談談我們評估更換 CDN 廠商的事件。相較於在第四章〈重要事件〉第一節〈ISO 27001〉，也就是上一節中所提到的 ISO 27001 證照相關業務，這個事件應該可以算是真正的單一事件了，因為評估以及實際搬家完就相當於是整個事件告一個段落。

事實上，這個事件也算是筆者實際做過的任務中最大的幾個，其中對於 CDN 相關的知識，筆者其實也都是從頭開始理解。這與第三章的「重大 P0 事件」類似，都是在事件發生之後，才開始深深感到自己知識量的不足。

因此，在分享的最後，筆者一樣會稍微介紹一些在該事件中有學習到的技術知識，也希望可以對讀者有一些幫助。

任務拆解

會想要評估這次的更換，最主要還是為了省錢的關係。原本的廠商是一家全球知名的大公司，服務本身自然沒有問題，但相對而言價格就比較硬一些。而另一方面，雖然確認過新廠商應該會比較省錢，但也會需要確認一些設定是否能夠符合原本的預期。

比如說，因為該專案主要也是一個 B2B 的產品，而我們是透過「Origin」的傳輸量來與客戶收費，因此相關的報表就變得非常重要。我們期待 CDN 的報表不能差太多，或至少客戶所在意的重點不能被修改。換句話說，筆者的評估工作，其中一個就是在發現報表完全不符合客戶需求的時候，做出「留在原本廠商」的決定。

此外，在舊廠商所遇到的痛點，比如 TLS 憑證的驗證等級是比較麻煩的「Organization Validation (OV)」，而且該類型的憑證無法每年自動更新；或是報表的派送無法保證當天會出現，而是三天內才會出現之類的問題，都會是在新的廠商中期待可以改善的事項。

最後，所有研究都要在下次合約更換之前完成，也要預留實際搬遷和測試的時間。

因為這會是一個非常大的工作，因此得到任務後，首先要釐清並拆解明確的待辦事項。

首先，為了在新的服務上測試，筆者會要先嘗試完成透過新的 CDN 服務串接原本 Origin 的工作。在串接的過程中，要同時確認一些原本的要求是否能達成（比如會用到 TLS 憑證的時候要一併確認是否能夠自動更新）。

串接完後，要嘗試生產報表並確認報表是否符合預期。如果一切順利，那接著就要制定具體的搬遷和測試計畫。

換句話來説，按照順序主要是以下三件任務：

1. 串接

2. 產報表並評估內容

3. 實際搬遷與測試

知識補充站

Origin：在 CDN 服務中用來指涉原本檔案。

實作過程

串接

串接是一個比預期還要困難上許多的工作，但因為對方專門為此派了一位與筆者接洽的工程師，因此在對方的幫助下，其實省下了不少時間。

不過，筆者仍然花了非常多時間在嘗試理解原本的 CDN 設定。這其中包含了「DNS 的 routing 因為舊廠商設定的關係，因此多繞了一層 DNS」的事情；另外也因為想要節省 TLS 憑證的關係，有使用了「multi-domain」，或説有應用到「Subject Alternative Name（SAN）」的技術，也就是數個「domain」共用同一個「TLS」憑證，以此來避開每個 domain 都要申請一個 TLS 憑證的方式。

關於這部分，筆者都是從頭開始學習後，才漸漸比較能理解這一塊的設定原理，但也因為前人幾乎沒有留下文件的關係，其實撞了不少次設定問題後才解決。

此外，新廠商的 CDN 因為有一些該廠商的 feature，因此也無法完全把原本理解的設定照搬過去。比如在 multi-domain 的設定中，新廠商有一套底層可能走一樣的邏輯，但在設定上比較特別的方式，這一塊就必須透過反覆的溝通才能完成。

另外，CDN 快取的規則在設定上因為有相當大的差異，因此也花了很長的時間在理解這部分的設定。比如說，其中有一種直播檔案的快取時間設定為「1 秒」，而這樣子的設定對當時的筆者來說是難以理解的，直到筆者設定為「1 年」後，又在某次測試時發現問題，才在後續檢討時理解了如此設定的原因。

當然，還是有一些在設定上幾乎相同的事情。比如以 AWS S3 的內容做為 origin 的時候，都需要提供一組 AWS credentials 給對方進行他們後台的測試與串接。這個部分在理解上就沒有造成太大的困難。

環境混用

在串接中筆者所遇到最困難處，當屬在各種歷史因素之下而產生的環境混用狀況。

一般我們會預期，無論有多少層架構，服務與服務之間都會盡量做到環境與環境之間的一對一關係，如圖 4-2-1 所示：

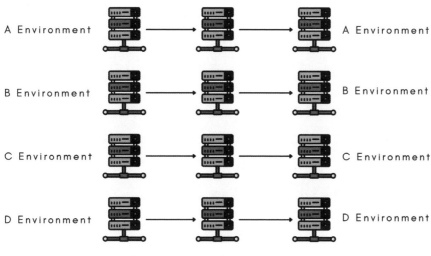

圖 4-2-1　理想的環境拆分方式

然而，我們實際的環境拆分方式卻是類似圖 4-2-2 的方式：

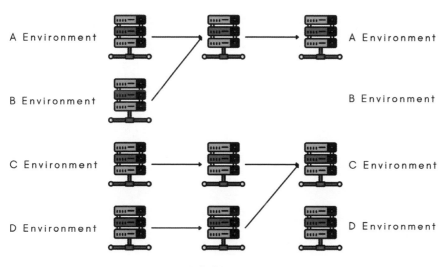

圖 4-2-2　專案實際的環境拆分方式

可以從圖 4-2-2 看到，以 B 環境為例，雖然有第一層機器，但從第二層開始就串接到了另一個環境的機器；而 D 環境則出現了雖然第三層存在，但實際上第二層串接到了 C 環境第三層的狀況。

這導致筆者最後需要重新整理，並將這裡的所有串接狀況記入一份巨大的表格檔案中。而這種環境混用的問題，也直接減少了分環境測試的意義。比如說，在 A 環境測試完後，因為其架構與 B 環境不同的關係，我們對 B 環境能夠成功的信心並沒有那麼高。

雖然如此混亂，但其實這裡的每一個設定在當初都還是有其意義和歷史背景的。比如說，最常見的就是為了節省成本。畢竟在非正式環境中保有與正式環境完全一樣的檔案非常花錢，如果只想確認功能上正常的話，那共用同一套檔案就會是一種可能的方案。

此外，過去曾經有不同環境的規劃，但因為各種原因而遭擱置或棄用；而與其它第三方服務串接時，該服務的環境與我們服務的串接無法達到一比一的狀況（比如我們有四個環境，而對方只有三個）等等，都導致了最後這個問題。

報表

報表的技術難度出乎意料之外地高。因為在一般的 CDN 報表中，通常只會提供一份表格形式的 csv 檔案。將這份 csv 檔案視覺化成類似原本的形式比想像中還要難上許多，而即使能透過「Grafana」做到這件事，要串接成固定派發的形式也仍然是一個挑戰。

雖然這部分主要是對方與筆者接洽的工程師在研究，但根據他分享的文件，這裡也許要花上至少兩週以上的時間全力研究才行。在途中也還會需要向產品經理提供範例資料，以利他們與客戶談判在新廠商的計費方式。

幸運的是，在談判的過程中，我們意外發現客戶其實並不在意圖表，他們比較在意的主要是內容本身。也就是說，因為 csv 檔案有包含他們需要的資訊，因此他們其實是可以接受的。既然如此，視覺化這項大工程的研究成本就得以因此而省下來。

知識補充站

Grafna：協助做資料視覺化的一個知名服務。

人力資源分配

雖然與技術研究無關，但在整個研究過程中還有遇到一些小插曲。可能是因為時程上比較匆忙，或可能一開始沒有討論清楚的關係，公司在筆者已經研究到一半的時候，認為在還沒與客戶確認意向的情況下，貿然投入人力研究會有後續人力浪費掉的可能性，因此筆者在研究到一半的時候收到了暫時中止的指令。

不過，基於某些研究需要先告一個段落，否則後續難以銜接的問題，因此最後仍然有討論出一個目前的研究中止點與時間規劃。具體內容就是先完成串接和報表的研究，但同時也要評估後續搬遷與測試的工作量，並提出可能的規劃，再根據與客戶的談判結果來決定下一步。

不過，最後公司仍然決定要繼續執行，因此最終才能形成這樣一個完整的主題來向讀者分享。

技術心得

Multi-Domain & SAN Certificate

在前面有稍微提到過，「Multi-Domain」是為了節省預算而做的設定，而在舊廠商中，我們透過「Subject Alternative Name (SAN) Certificate」來達到這件事情。

以「www.google.com」為例，在「SSL Lab」的「SSL Server Test（https://www.ssllabs.com/ssltest/）」中，可以看到類似圖 4-2-3 的截圖：

圖 4-2-3　SSL Server Test 針對 www.google.com 的結果截圖

使用了「SAN Certificate」的我們，在圖 4-2-3 中被紅線框起來的「Alternative names」中，就會看到一連串不同的 domain，這些 domain 都共同使用同一組憑證。

在嘗試使用 multi-domain 時，大致上有兩種不同的手段。如果「root domain」相同，那其實可以直接很簡單地設定「wildcard」即可。比如「*.service.com」就可以被套用在「www.service.com」和「api.service.com」等等。而如果 root domain 不同，那就可以使用 SAN Certificate 來解決這個問題。

Certificate Validation Level

在憑證的「驗證（validation）」等級中，主要分為三種，分別是「Domain Validation（DV）」、「Organization Validation（OV）」、「Extended Validation（EV）」。這三者的安全性以 EV 最高，OV 次之，DV 最低，可想而之的是，驗證的麻煩程度以及價格則與安全性的排序反過來。

DV 應該是最普遍也最常見的 validation 等級了。在一般我們使用 TLS 憑證的時候，一開始都會使用到這個等級的憑證，驗證方式也相對單純，只需要證明是該網域的擁有者即可。

OV 的部分則如其名，會需要提供組職相關的證明文件，因此也相對耗時。EV 則是最高等級，也是最貴的等級，目前筆者自己也還沒有看過。

根據前人的說法，在舊廠商的設定中，似乎是因為 SAN Certificate 的關係而需要使用到 OV 的等級，但該廠商在 OV 等級的憑證上無法自動更新，因此每隔一段時間就會需要手動更新憑證。

因此，在與新廠商的斡旋中談到了他們所獨立擁有的特別技術，在能夠達到 multi-domain 的前提下，僅使用 DV 而且可以自動更新憑證，算是有效解決了我們原本的其中一個痛點。

Zero-Rating

Zero-Rating 的意思，是在符合某種特定的條件下，業者提供使用者網路使用但不額外計費的一種商業模式。

比如說，業者可能承諾使用者在存取特定軟體或網站，或以特定 IP 使用服務的時候不計費。可能因為有時候網路使用量非常高，如果按照使用量來計費會造成使用者的卻步，因此才出現了這種類似「吃到飽」的概念。

如果讀者以這個關鍵字查詢，可能會找到一些法律上的，以及在不同國家中針對詳細規則上的爭論，有興趣的話也可以再自行往下研讀。

Anycast

會提到 Zero-Rating，主要是我們想透過特定 IP 不計費的方式來提供服務。而在此就牽涉到了「Anycast」這項技術。

在網路路由的世界中，有四個比較主要的規則，分別是「Unicast」、「Broadcast」、「Multicast」、「Anycast」。

Unicast 是一個一對一的路由關係；Broadcast 會路由到所有包含在「broadcast address」中的端點；Multicast 是一對多的路由關係；Anycast 雖然也是一對多，但一次只會路由到其中一個（通常是最近的）端點。

因為 Anycast 的技術可以用來將同一個 IP 位址對應到數個伺服器，在實際請求進來的時候又可以將流量導向最近的對象，因此這就很適合用在我們所需要的 CDN 服務中。而新廠商所使用到的，也正是 Anycast 的技術。

筆者踅踅唸（se'h-se'h-liām）

說實話，CDN 對於筆者而言可以算是一個全新的領域。過去筆者對 CDN 的認知，就只是一個類似快取的概念，並稍微理解「Edge」和「Origin」之間的差異而已。

但在這次 CDN 的搬遷評估中，除了前一篇文章中有遇到的，一些非技術挑戰和單純新廠商設定上的問題外，更重要還是在整個研究的過程裡面，開始又對 CDN 這個領域有了進一步的認識。

此外，因為要處理的範圍非常大，而每個範圍又常出現許多無法馬上解決的細節問題。這導致初期許多「精神錯亂」的狀況，比如筆者會在隔了一個週末後，忘記上週在 CDN 這裡的進度，或是常常開完會之後才想到忘記討論某個細節。

換個說法，這裡也許還牽涉到一整個專案管理的技巧，不單純只是技術上的問題而已。要如何有效地整理已完成事項和待辦清單，並在合理的時間內將各任務逐一解決，也許反而是這個工作中最大的挑戰吧。

最後，不得不說，雖然一直都有認知到 SRE 的守備範圍非常廣，但常常也是在實際有需求出現的時候，才發現相關技術遠比自己想像中的還要深上許多。即使費盡心力整理出目前的心得，也還是沒有完全確定自己的理解是否正確，

不過這也正是 SRE 這個領域的特色吧。

☰ | OpsWorks EOL & ECS Migration

「OpsWorks」在第二章〈日常維運〉第三節〈 OpsWorks 註冊失敗〉中有被提到過，是一個進行組態管理（Configuration as Code）的工具。

在該工具被 AWS 宣告要生命終止（EOL）的時候，根據筆者主管非常精闢的描述，就是「動搖國本」。因為敝公司幾個最大最古老的專案，也就是採用 EC2 解決方案的那些專案，全部都使用 OpsWorks 部署。

另一方面，根據 AWS 當時的公告，從收到訊息的當下開始，我們也只剩大約 1 年多一點點的時間而已，可以說是非常趕。

這裡就會介紹該事件的始末。

搬家準備

EOL 的端倪

其實我們也一直都看得出來 OpsWorks 看起來像是一個隨時要被 AWS 捨棄的專案。比如說，該服務的主控台頁面屬於比較古老的形式，如同目前已經接近被捨棄的「Classic Load Balancer」頁面一樣。如圖 4-3-1：

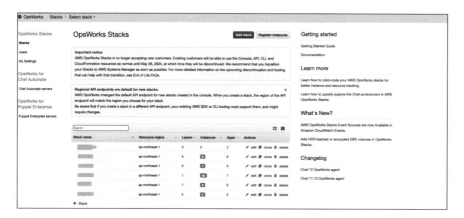

圖 4-3-1　OpsWorks 的主控台頁面

所謂古老的形式，除了沒有支援夜晚模式之外，裡面各類按鈕的設
計也和現在比較新的介面設計不同。可以參考圖 4-3-2 來與新的介面
比較：

圖 4-3-2　比較新的介面，以 EC2 為例

除了介面之外，筆者最有感的就是在準備 AWS 相關證照考試的時候，
幾乎沒有出現過任何與 OpsWorks 有關的題目。唯一一次在「Solution
Architect Professional（SAP）」的考古題中，也只是非常單純地考到
OpsWorks 的底層是由「Chef」和「Puppet」寫成的而已。

最後則還有一件事情，在某次 P0 事件中，筆者很緊急地與 AWS 工程師通訊來排查問題。當時出現的狀況與 OpsWorks 有關，但負責處理的工程師看起來對這個服務也是一知半解。

這當然與當時因為太過緊急而導致臨時調派的人力也許並非團隊成員有關，但也可以看得出來，在維護該服務上的人力可能也在逐漸減少。

替代方案的選擇

雖然流水線的佈置在敝公司其實並非 SRE 的主要工作，但在訊息派發並進行初步的研究後，筆者得到以下幾個解決方案，提出來與團隊進行後續的討論：

AWS System Manager

是 AWS 官方比較建議的做法。但在經過與公司前輩的討論後，因為需要在 System Manager 裡面建置過多複雜指令的關係，決定先放棄這個選項。

Golden AMI + User Data

在第二章〈日常維運〉第三節〈OpsWorks 註冊失敗〉中有提到過「OpsWorks 註冊失敗」的問題，而其中一個由另一位資深工程師在主導研究的解決方案，就是透過「Golden Image」的方式來避免開機後才進行套件安裝，從而增加安裝失敗的可能性。

「Golden Image」就是一個作業系統的映像檔,把系統所需要的各類軟體都預先安裝在該映像檔中,就可以在啟動機器的過程中省下這些步驟。大部分資深工程師都認為,這個方法相較前者會比較適合公司目前的做法。

首先,如果把作業系統(比如「Ubuntu」)從一開始就放在 Golden Image 裡面,那可以直接解決在第三章〈重大 P0 事件〉第二節〈在 Ubuntu 與 Memory Leak 共舞〉中提到,關於 Ubuntu Server 壞掉,導致 EC2 開機失敗的狀況。

此外,大部分的驗證可以在製作 Golden Image 的階段(Build 階段)完成,不需要等到實際部署再找問題;也可以透過減少部署所需要的軟體來大幅加快部署速度。

Amazon Elastic Container Service(ECS)+ Fargate

這是容器化(ECS)搭配無伺服器技術(Fargate)的一種 AWS 服務。雖然在搬遷上相對複雜,但無伺服器的解決方案可以減少未來管理伺服器的麻煩,因此就長遠來說會是最適合的方案。

事實上,我們在之前維運 EC2 上已經吃過非常多苦頭,也越來越可以感受到容器化對於減少所謂「維運成本」(Operation Overhead)的重要性。

然而,除了搬遷本身可能需要更多人力的研究之外,最困難的地方大概就是要如何說服開發團隊的工程師了吧。

因為一般容器的映像檔會需要在程式管理資料夾（Repository）裡置放「Dockerfile」（用來規定如何容器化的設定檔）以及一些新的驗證機制。這對於沒有碰過容器技術的工程師而言會是一種挑戰，如何說服他們該技術在維運上可以減輕的負荷，也會需要一些溝通的藝術才行。

最後的選擇

事實上，雖然與開發工程師的主管有過許多的討論，但最後我們仍然決定直接採用容器化的解決方案，也就是比較一勞永逸的方式了。在這整個討論過程中，甚至還有遇到一些資深的開發工程師直接跳出來協助撰寫 Dockerfile，筆者也是打從心理深深感到佩服。

不過，讀者可能會想詢問，同樣是容器化，為什麼我們不選擇另一個同樣是容器化的 Amazon Elastic Kubernetes Service (EKS) 解決方案呢？事實上，筆者一開始也非常困惑，並從主管那裡得到，這主要還是與後續的維護難度有關。

「Kubernetes」是一個迭代非常快速的產品，因此在進行該服務版本的升級時常常會佔用大量的時間，這也是我們其中一個專案目前在維運上的痛點之一。相較於此，由於我們一來沒有地端或與其它雲端混用的狀況，而且我們的網路設定也沒有複雜到會需要 Kubernetes 的協助，因此使用 AWS 主要負責維護的 ECS Fargate，就會是容器化後的優先選擇。

時程、人力、資源調配

與其他的服務維護事件相同,在產品經理得到該訊息後,就要開始盤點人力與分配可用資源,再透過前面提到的結果來安排後續的時程。

這裡最主要的任務,應該一來是要將原本的程式轉為容器化的寫法,另一個則主要會是要建置 ECS Fargate 的基礎架構與部署流水線。SRE 的出場則會在比較後期,主要任務如下:

■ 建置新的監控系統

■ 分析壓力測試的結果來推測自動擴展的合理設定

■ 維護模式工具的重新設定

■ 報表工具的調整

■ 維護文件的更新

讀者應該也可以從這些任務中看出 SRE 主要工作內容中的角度與取向。

筆者踅踅唸(se'h-se'h-liām)

實際上,筆者負責的專案因為有非常厲害的開發工程師可以協助處理 Dockerfile,再加上需要修改的服務數量較少,因此工作量相較於其它專案就幸運地少上許多。其它專案中就有出現需要由 SRE 協助撰寫 Dockerfile 的狀況,我們團隊也為此額外開設了每週一起研讀容器化技術的讀書會呢。

正式搬家

因為公司監控工具設計良好的關係，因此在監控建置上相對簡單，而容器化後我們所需要關心的指標也變少了一些，因此監控的工作反而是相對少的。維護模式工具也是類似的狀況，只需要稍微進行一些設定上的調整即可。

報表工具的調整比較麻煩一些，原本我們的報表工具會透過抓取 ALB 的流量來計算相關的數據，在架構調整之下，因為不只 ALB 改變，連服務數量上都有所改變，因此報表工具的程式內容就需要一定程度的調整。

不過，真正比較困難的應該算是自動擴展的設定。因為這部分仰賴與後端工程師協同合作的壓力測試分析，但如同在第二章〈日常維運〉第一節〈棒球賽〉中的棒球賽預測觀眾人數一樣，即使有壓力測試，我們也還是會需要在真正上線之後，根據實際的使用狀況來調整。

搬家後的挑戰

如同前一小節的描述，這次搬家的真正困難點其實是來自於自動擴展水線的調整，連同上線後所發生的意外，以及即將到來的棒球賽（高流量事件），形成了一連串巨大的挑戰。

自動擴展水線的追蹤與調整

在自動擴展的政策（Policy）上，大致有「根據請求量」以及「根據 CPU 或 Memory 使用率」來自動擴展的兩種方式。

請求量是一種能夠比較即時反映系統流量的指標，因為當流量出現的時候，通常會先反映在請求量，而等到伺服器開始處理請求後，才會反映在 CPU 或是 Memory 上。

相對而言，CPU 或 Memory 使用率雖然比較慢，但能夠實際反映系統的使用狀況。在一些特殊的情況下，也有可能出現 CPU 或 Memory 使用率上升，卻不是因為流量而造成的狀況。

因此，在自動擴展的策略上，我們會儘可能讓每次的自動擴展都是根據請求量而發生的。換個說法，就是我們希望自動擴展是先「撞到」請求量的水線而發生。不過，CPU 和 Memory 使用率的水線也還是要設定好的。雖然平常不會使用到，但預先設定也能以防不時之需。

搬家後的幾天內，我們的服務其實處在一個相對不穩定的狀況，也常常出現因為 CPU 使用率超過 90% 而觸發的警報。這主要來自於系統的使用狀況與我們壓測的結果有些落差，導致自動擴展的設定其實並不符合實際的使用狀況。

因為 ECS 的自動擴展速度比 EC2 快上許多，過去我們傾向於讓 EC2 維持在 CPU 使用率 50% 左右，但 ECS 我們認為相對可以拉高到 70% 左右。不過在最一開始，我們仍然先將水線設定在 60%，觀察數天後再進行調整。

與此同時，我們儘可能地觀察，在 CPU 的水線為 60% 時的請求數量，並透過「先撞到請求量」的想法，來設定一個略低的數值。

而這樣子的每日觀察與調整，一直維持了大約一個月的時間，我們才終於找到一個能夠在系統穩定性以及花費上取得平衡點的數字。

後端伺服器的 Memory 問題

在搬家後初期，我們隨即觀察到了一個後端伺服器 Memory 用量太多的問題。

具體而言，雖然 Memory 在使用後有下降，因此大致可以肯定不是 Memory Leak，但 Memory 的消耗速度顯然比預期還要慢上許多，導致了我們 Memory 一直處在相對危險的邊緣，而且整體而言看起來是緩慢上升的。

這個現象在 EC2 時代相對不明顯，主要是當時 EC2 機器本身的 Memory 總量也比 ECS 時代來得高，因此當時並沒有觀察出這個狀況，或是說即使有，當時也沒有構成明確的問題。在測試環境則因為沒有足夠的流量，而無法觀察到該現象。

這或多或少也可以證實，後端的本質就是 CRUD，只是量多或量少的差別而已吧？

主因的部分，在緊急開放了 port 6060 讓後端工程師進去研究後，證實了是後端程式（Golang）中使用了一個自己開發的本地快取（Local Cache）功能所造成的問題。該功能似乎花費太多時間存放快取，或說

是快取本身太慢被清除。最後是透過使用了另一個開源的 Library 解決了這個問題。

不過，因為這是在正式環境上的問題，因此當初緊急與客戶溝通後加大了 ECS 的 Memory 容量，卻在最後透過開源 Library 解決後，反而遲遲等不到客戶同意下降 Memory 容量的回應。

也因此，在前一小節中幾乎沒有提到關於 Memory 在自動擴展水線上的調校，就是因為目前 Memory 的使用其實是過低的，幾乎沒有任何撞到自動擴展水線的可能。

不一致的使用者行為

在自動擴展的調校上，我們有遇到一個難解的問題，在於「使用者在不同的時間點，會因為不同的操作行為，導致系統的指標不一致」的狀況。

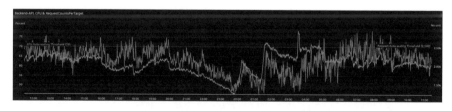

圖 4-3-3　後端伺服器隨時間變化的 CPU 使用率以及請求量

如圖 4-3-3 所示，我們當時自動擴展的 CPU 使用率水線是 70%，而對應的請求量則是每分鐘 2500 個。左側和右側比較高的紫線呈現實際的 CPU 使用率，而只在中間偏右比較高的黃線則是請求量。然而，可以

看到「從 15:00 到 20:00」的時間中，CPU 使用率「撞到」了自動擴展水線，而「從 02:00 到 05:00」則是請求量。

換言之，「從 15:00 到 20:00」我們是透過 CPU 使用率來自動擴展，而「從 02:00 到 05:00」則是請求量。

雖然沒有明確的調查可以佐證，但因為該服務是一個影音串流平台的關係，我們認為應該是使用者傾向於在尖峰時間瀏覽頁面，而該行為的相關請求容易造成 CPU 使用率的上升，也就是單位請求所消耗的 CPU 更多；反之，深夜這種離峰時間，使用者普遍在播放影片，而這類請求相對不會佔用 CPU。

理想上，每一個時間點都應該要透過請求量來自動擴展，但以目前的狀況來說，我們其實只有部分時間點能夠達到這個要求。不過，因為 ECS 的擴展速度非常快，因此倒是沒有造成什麼維運上明顯的問題。

不過這仍然是一個未來可以改善的項目之一，因此也被列在我們的待辦事項中。

固定時間點的大流量

在搬家結束後，我們在調校自動擴展的後期，曾經發現某個服務還是會零星地觸發 CPU 使用率 90% 的警報，當時筆者原本認定這大概就是調校快結束時會發生的事情，因為已經快要取得完美的平衡點了。

不過受到資深工程師的提醒後，才猛然發現這些零星的 CPU 使用率警報，其實都發生在每天某些固定的時間點，在該時間點前會有短暫的請求暴增。

因此這本質上不是可以透過自動擴展的調校來解決的。或是說，更好的做法應該是釐清原因，並透過自動提前加開機器的設定來解決這個問題。實際上，事後也確認了，該流量來自於第三方服務固定時間的請求，因此也是正常的行為。

筆者誓誓唸（se'h-se'h-liām）

維護以 EC2 為主的舊系統其實是一件相當辛苦的事情，但在沒有重大理由的情況下，要貿然進行搬遷事宜則難以說服所有人。透過這次機會終於可以順便對舊有的系統進行架構上的重構，其實是一件讓人相當開心的事情呢。

四 ｜ 資料庫 Migration

相對於第四章〈重要事件〉中的其它事件，「資料庫搬遷」做為重要事件，本身相對小上許多。

背景故事是，我們的資料庫使用了某一個即將要 EOL 的「RDS MySQL」版本。在受到 EOL 通知並決定升級的時候，我們決定順便一起改用 AWS 自家推出的「Aurora MySQL Compatible」資料庫。因此才有了這次的搬遷（migration）工作。

資料庫的搬遷本身具備一定風險，畢竟資料庫一般來說會是一個服務中最重要的資源。因此，這原本應該要算是一件大型工作，但因為我們從頭到尾都還是使用 MySQL ，因此真正需要研究和執行的工作並沒有那麼多，但仍然是一個值得分享給讀者的事件。

初步研究與盤點

首先，在正式搬家之前，我們要先確認搬家的各個步驟。一般來說，因為是完全相同的資料庫，因此不需要有資料轉移或考慮相容性之類的問題，我們所需要思考的，就只有如何將資料完整地搬運過去而已。

另外，因為資料庫的搬遷至少會需要後端切換連線端點的關係，系統的暫時斷線似乎無法避免，因此我們也決定直接進入維護模式以避免意外發生。

我們可以先初步將步驟羅列成以下：

1. 進入維護模式

2. 資料庫搬遷作業

3. 後端切換端點到新的資料庫，並重啟連線

4. 確認服務正常

5. 離開維護模式

而交付給筆者研究的，就是第 2 步中有關資料庫搬遷作業的方式。

搬家方式

首先，最簡單的當然就是將資料完整備份（snapshot）出來後，將其還原到新的 Aurora 資料庫上。如圖 4-4-1 所示：

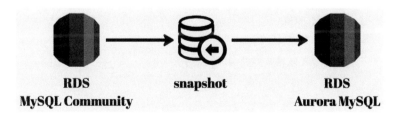

圖 4-4-1　透過 snapshot 的方式來備份

這個作業方式將面臨以下兩個明顯的限制：

- 資料備份的行動只能在進入維護模式後才開始

- 資料的搬遷將花費大量時間，影響其它也要在維護模式中進行的
  工作

如果沒有其它好方法，其實上面提到的問題也是無可厚非，畢竟這本
來就是資料庫搬遷會面臨到的過程。

不過，我們發現有另一個更方便的搬遷方式。請見圖 4-4-2：

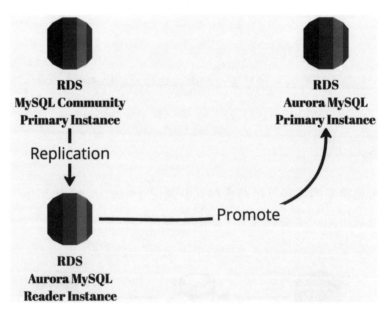

圖 4-4-2　透過先建立一個 Aurora Instance 的方式來備份

大致上，我們先在原本的 RDS MySQL 機器上啟動一個 Aurora MySQL 機器，所有在舊機器上的資料就都會開始同步到新機器上。而搬家當天，我們要做的事情就是將 Aurora 那台機器給提升（promote）成一個新的「Aurora Cluster」。

這顯然直接解決了我們前面所提到的問題，帶來的最大好處就會是節省了搬家所需要的時間。因為資料的搬遷本身是最花時間的，因此如果能夠在正式搬家前就完成這件事情，但又不會影響到資料的同步問題，那就會是非常理想的解決方案。

以下則是筆者在測試時的截圖：

圖 4-4-3　在原本的 RDS 機器上建立 Aurora 機器後的截圖

圖 4-4-4　將已建立好的 Aurora 機器給「Promote」時的截圖

如圖 4-4-4，藉由在主控台上直接點選「Promote」的方式，我們就可以將該 Aurora 機器提升為另一個 Cluster。同一張圖中，其實上面有另

一組 Aurora MySQL 的機器，正是前一組測試機成功提升為 Cluster 的
結果。

筆者踅踅唸（se'h-se'h-liām）

我們最後成功完成了資料庫的搬遷。而這件事情本身因為會進入維
護模式，因此筆者也同時在第一次使用了在第二章〈日常維運〉第
二節〈維護模式〉中所提到的維護模式工具。

當初在準備 AWS 相關證照的時候，其實有準備過與系統搬遷相關
的主題，沒想到居然這麼快就可以在這裡派上用場。從另一個角度
來看，因應目前普遍上雲的趨勢，SRE 對於雲端技術的掌控可以說
是越來越重要了呢。

Chapter

5

職涯建議

回到本書的第一句話:「SRE 到底在做什麼?」
本書前面幾章的內容,也許可以做為一個適切的答案。

但更多人想問的也許是:「我適合做 SRE 嗎?」

這就是這一章想要回答的問題。

SRE 做為職涯的選擇,有其迷人之處,也有其困難與辛苦的地方。雖然前
面介紹了很多,但這不一定能夠讓人知道自己是否適合,因此本章會從職
涯的角度來給予相關的建議,以期讀者在讀完本書後,不只可以獲得 SRE
相關的知識,也可以對自己的人生有所幫助。

一 ｜ 技術的角度

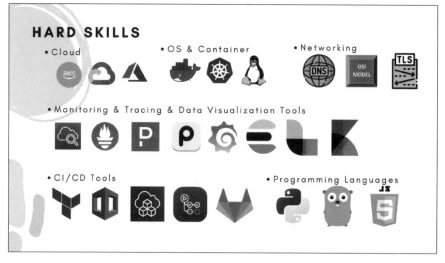

圖 5-1-1　讀者認為 SRE 所需具備的知識集合

SRE 這個領域的特別之處在於，工具數量非常多，但工具本身與公司實際的產品沒有特別深的關係。

這反映在其中一件事情上，就是 SRE 不用像開發工程師一樣慎重地選擇自己專精的產業，因為基礎建設在所有地方都需要，也不會因為商業邏輯而有非常明顯的差異。

另外一件事情,則是 SRE 永遠都必須要追著新工具,因此要隨時保持學習新知的能力,也必須建立好轉換公司後要重新學習新工具的心態,因為即使是同一種類產品的公司,賴以維生的基礎建設也可能是完全不同的工具。

當然,無論工具如何推陳出新,底層的概念都是類似的,就如同即使是不同的程式語言,也都會共享許多基本的概念一樣。因此,我們仍然可以從這個角度切入,來找到做為一個 SRE,有什麼是值得投資的技能。

第一層:雲端、容器、網路

在圖 5-1-1 中第一層中所展示的,主要是雲端服務、作業系統與容器化技術、以及網路相關的知識。這也是筆者認為現在最重要,既包含基礎知識也同時有熱門工具的地方。

其中,雲端服務包含三大雲端伺服器供應商的業者,分別是 Amazon Web Service(AWS)、Google Cloud Platform(GCP)、Microsoft Azure(Azure)。筆者認為先摸熟其中一種,再根據後續的需求來學習其它即可。

沒有必要特別三種都專精,因為一般的業務也比較少出現會需要三者一起精通的狀況,再加上理解一種後,要理解另外一種雲端技術並非什麼特別困難的事情。

在學習雲端的過程裡，筆者非常推薦可以透過準備證照的方式來強化自身的能力。準備證照一來可以有比較明確的目標，二來也會有比較完整的學習計劃。

筆者過去主要準備的都是 AWS 證照，在書寫本書的當下，手上擁有的是「Solutions Architect Associate」、「SysOps Administrator Associate」、「Developer Associate」以及「Solutions Architect Professional」，接下來則希望朝「Advanced Networking Specialty」嘗試看看。

在這些證照中，筆者最推薦的則是「Solutions Architect Associate」，如果覺得這張太過吃力則可以從「Cloud Practitioner」開始，而考過的讀者則可以嘗試「SysOps Administrator Associate」或更進階的「Solutions Architect Professional」。

證照考試本身當然會與實際工作有一些落差，但就筆者從雲端小白到目前工作一年多的感受是，準備證照能夠讓自己對雲端的相關服務有一定程度的理解，等到獲得相關需求的時候，大致上可以知道能夠應用的服務，至於細節的部分雖然還不清楚怎麼處理，但只要到時候再透過文件去學習即可。

額外可以補充一點，筆者認為準備符合自己程度的證照是相當重要的。雖然有幸能考取「Solutions Architect Professional」，但實際上筆者不只準備得非常痛苦，實際最後也不是真的有非常多應用場景讓筆者使用到，只是拿到證照後放著忘記而已，因此在這件事情上面讀者也可以再自行斟酌。

除了雲端之外，做為現在非常重要的容器化技術，特別是「Kubernetes」（K8S），幾乎可以說是各家 SRE 的標準配備了。這部分同樣也有相關的證照可以讓讀者參考，名字則是 Certified Kubernetes Application Developer（CKAD）與 Certified Kubernetes Administrator（CKA）。

筆者同樣有拿到這兩張證照，建議可以先從 CKAD 開始準備起，並再以 CKAD 的基礎來準備 CKA，如此的學習路徑會滑順很多。但一般在還沒有接觸過容器化的讀者，則也可以從「Docker」開始入手。

最後，同樣不可或缺的網路知識，但這部分筆者暫時還沒有找到比較適合的管道。最主要還是在於說，筆者也是工作了一年之後才開始真正意識到這一塊的重要性，特別在應對一些特別的 P0 事件中，就能深深感受到自己的不足。

由於這是基礎知識的關係，筆者在思考的是透過修習大學所開設的線上學習資源來補強相關概念。無論如何，關於這一塊的知識絕對是必要且沒有妥協空間的。

第二層：監控、日誌、分析

在圖 5-1-1 中的第二層也相當重要，最主要出現的是各種監控與分析工具。

在監控工具上，除了「Prometheus」或是筆者有實際在使用的 AWS 原生監控工具「CloudWatch」與從外部檢測服務可用性的「Pingdom」之

外，任何其它有助於維運或值班的工具，比如我們用來打電話給值班工程師的「Pagerduty」都一樣相當重要。

分析工具包含日誌與資料視覺化工具，最常見的可能就會是「Grafana」以及著名的 ELK（Elasticsearch、Logstash、Kibana）工具等等。

而這部分，因為筆者真正接觸過的只有 CloudWatch、Pingdom 以及 Pagerduty，而且後兩者其實在進來公司前就已經被前輩給完成串接了。因此只有透過在 AWS 證照考試的時候來加強對 CloudWatch 的理解而已。

雖然可能沒有辦法提供讀者比較明確的學習資源，但做為參考，讀者還是可以往這個方向嘗試學習看看。

第三層：部署、架構、程式

在圖 5-1-1 中的第三層包含的是各類部署和架構工具、以及程式語言。

雖然在敝公司裡面分工比較細，維運與部署被切分成兩個不同團隊，所以 SRE 的團隊相對而言比較少接觸包含「Terraform」、「CloudFormation」、「Gitlab CI/CD」之類的工具，但也有許多公司應該會以同一個團隊來包辦這裡所有的事情。

因此部署和架構工具也是一個相當重要的知識，而從之前的文章中應該也可以看得出來，事實上我們 SRE 團隊也常常需要接觸到部署流水線的工作。

程式語言則可以分兩個面向來分享。首先，我們所大量使用的自動化
工具，特別是為了某些特殊狀況而開發的，都仰賴我們的開發能力。
在這個過程中最常被使用的可能會是「Python」。

但「Golang」做為 Kubernetes 以及 Terraform 的底層語言，也同樣是
一個可以儘可能瞭解的語言，而「JavaScript」做為另一個不需要編譯
（compile）而且方便書寫的語言，也同樣值得一學。

另一方面，筆者的主管也曾經分享過，因為容器化與雲端技術日新月
異的關係，未來維運的工作可能只會越來越少（比如「ECS Fargate」
相較於 EC2，在維運上所需要的人力就少上非常多），因此系統出狀
況時，SRE 跳進程式裡協助開發工程師除錯的狀況也越來越有可能發
生，因此至少有讀懂程式的能力就變得相當重要。

二 │ 心態的角度

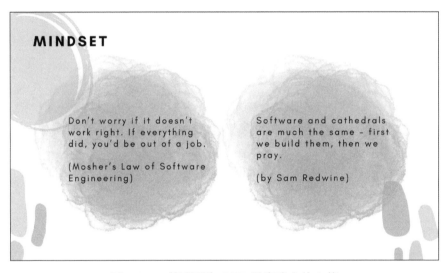

圖 5-2-1　筆者認為 SRE 所應建立的心態

在最近一次遇到 P0 事件的時候，筆者邀請了旁邊吃爆米花看戲的人資講笑話給正在處理的我們聽。

「大家知道為什麼暖暖包永遠不會過氣嗎？因為它有很多鐵粉。」

好，謝謝。

入門

筆者在最一開始接手 SRE 這份工作的時候,最害怕的果然還是值班時隨時可能會響起來的 P0 警報了吧,這也許也是所有剛入門 SRE 的人最擔心的事情。筆者雖然希望能夠提供一些建議,但平心而論,還是必須要實際經歷過幾次之後,才會慢慢習慣這件事情。

不過,筆者認為在這個過程中所歷經的心態轉變,是第一個可以先分享給讀者的東西。首先,如同圖 5-2-1 中的第一個引言所述(再加上筆者的超譯):「系統出問題並不一定會是壞事,因為偶爾故障的系統才能向老闆彰顯出 SRE 的價值。」

這邊筆者想強調的,主要還是說,系統出問題不一定是 SRE 的責任。但做為維運工作的負責人,也確實需要有扛住第一線壓力的心態。不過,比起永遠都緊張兮兮,不如先深呼吸一口氣,用更悠閒的態度來面對每次 P0 事件吧。

宏觀的角度與溝通的課題

當然,SRE 的主要任務之一,還是會需要儘可能地讓系統能夠穩定運作。而從這個角度出發的話,筆者認為 SRE 與其它開發工程師最大的不同,就會在於切入系統的維度。

SRE 傾向於從更宏觀的角度來看待系統，對於單一功能如何最佳化而言可能不像開發工程師這麼專業，但不同功能組成起來後可能會出現的維運問題，就會是 SRE 更關心的。

從這個角度來看，應該也不難理解 SRE 為什麼會是一個需要大量溝通能力的工作。比如說，也許兩個最後要串接起來的功能剛好是由兩個不同的工程師或團隊來負責，而雖然他們可能各自都使用了最佳化的方式來開發，但整合起來時卻不一定是那麼一回事。這時 SRE 就應該要有能力在一開始的討論中看出這個可能性，透過反覆溝通來避免最後整合時遇到的問題，特別是從系統維運角度來看。

當然了，也有可能會出現最後決策並非是以技術角度出發的狀況，比如第二章〈日常維運〉第一節〈棒球賽〉所提到的棒球賽維運中，就有提過伺服器數量其實是以獲取客戶信任為前提而設立的；而第一章〈監控系統〉第四節〈第三方服務監控〉中，也提過將監控系統以最符合既有系統設定的方式來進行設計，即使不一定符合一般標準下的最佳解。

而這些都會是做為 SRE 的挑戰以及需要面對的課題，也是成為 SRE 之前需要先想清楚的。

持續改良與精進的態度

另一方面，即使系統沒有遇到重大問題，筆者認為不斷精進和改善各種維運上所遇到的問題，也會是一種良好的 SRE 心態。

在第二章〈日常維運〉第四節〈自動化工具協助日常庶務〉中有提到一些日常事務，雖然透過手動也是可以完成大部分的任務，但透過自動化工具來最佳化，最後可以讓系統更穩定執行，這種不斷持續變好的心態是相當重要的。

但是，SRE 也許也應該要有另一個心態，就是系統實在太過複雜，無論如何改善，都有可能會遇到遺漏或不夠好的地方。正如同圖 5-2-1 中的第二個引文：「軟體開發與教堂建立沒有差很多，我們先把它蓋好，然後我們開始祈禱。」

換句話來說，這個世界上沒有任何一個人能夠保證系統不會真的出事，SRE 的工作也不是保證系統不會出事，因此也不需要太過刻意追求百分之百的完美。

虔誠的心？

最後不那麼重要的，不過 SRE 也許仍然是一個要抱持虔誠態度的職業吧。筆者日前跑到彰化八卦山看大佛，在大佛面前跳了一下僵屍舞後，不久就發生 P0 警報了，最後該 P0 事件一直到當天晚上筆者回到台北後才結束。

就如同綠色乖乖一樣，也許做為一個 SRE 還是要虔誠，不要不信邪吧？

三 | 職涯發展的角度

技術與心態做為認識 SRE 的主要內容，筆者認為其實已經足夠充份了。不過從職涯的角度來說，成為一個 SRE 前後可能如何影響職涯，也許也是讀者會有興趣的部分。

一般而言，隨著一個軟體產品的規模逐漸擴大，我們會需要透過切分不同的功能，來指派相對應專業的工程師處置。

第一個被切分的就是前後端，前端會與設計團隊有比較密切的往來。相對而言，後端更容易遇到效能瓶頸，因此也更容易實際面對維運問題。換個說法來講，後端工程師轉換到維運相關的工作，通常是相對前端容易一些的。

實際上，比較資深的後端工程師，通常也會被要求須具備系統架構設計相關的經驗與知識。而筆者第一個 SRE 團隊的主管，過去就是後端開發的工程師；反過來說，筆者也有遇過做了一陣子維運但之後轉為後端開發的同事。

相對於開發，在維運領域中與 SRE 常常混用的另一個職位名稱當屬「DevOps」。從名字上聽起來，是一個介於開發與維運之間的角色。雖然 SRE 聽起來有更多的監控，而 DevOps 聽起來有更多的部署，不

過在筆者書寫這本書的當下，其實這兩個名字還是常常彼此混用的，因此若有心尋找 SRE 的工作，最好也將 DevOps 設定為尋找工作的關鍵字。

而另一個「DevSecOps」，則可以理解為在原本的 DevOps 中又加入了資訊安全（security，簡稱為 sec）的元素。

「架構師」（Architect），或是「解決方案架構師」（Solution Architect，簡稱 SA），也是一個常常與 SRE 有所關聯的職位。從字面上來看，架構師是專門做架構設計的人，而這一定程度上，可以理解為是將 SRE 專業技能中的其中一項，再進一步深入切出來的結果。

另一種「雲端工程師」也類似，由於近期雲端相關的技術非常受人重視，因此特別將相關的技術獨立出來，成為一個專業的工作內容。

而資料庫管理員（Database Administrator，簡稱 DBA），則是在某些資料庫系統特別重要的場景中會出現，比如金融商品在資料庫記錄許多與金流相關的資料，為了避免維運上的問題導致重要的金流資料遺失，因此可能會聘請對於資料庫有特別研究的人。

這些都是基於實際需求而出現的工作，也可能會隨著時間而有所改變，就如同一開始連前後端也沒有區別一樣。筆者在寫書的當下，其實也正有一個新的「平台工程」（Platform Engineering）逐漸為人所知。

由於出發點終究是為了解決當前所面臨的問題，無論是使用什麼樣子的名詞或技術，持續學習與追求進步，就是在這個變動快速的世界中，得以存活的不二法門吧。

後記

結果，我還是那個一無所知的初學者吧？
但我已不再彷徨，內心的勇氣如星辰般閃耀。

一 | SRE 作為一種人生態度

曾經與一位 SRE 前輩聊天，問他 SRE 到底要算是做什麼的工作。他半開玩笑地回答：「SRE 做的工作就是人生的工作吧？」現在想想，他也許真的在開玩笑，但也許也是一種發自內心的感想也說不定。

人生中所遇到的各種難題，似乎都在 SRE 的工作中可以想像到。大量的溝通，大量的妥協，大量預期之外的情緒勞動。所有混亂在同一時間湧入，筆者有時候甚至感覺自己似乎不是在做工程師，但到底在做什麼好像也說不上來。

此外，SRE 也是一個需要隨時停下來省視目前的狀況，並以中長程時間來重新規劃系統目標的工作，這似乎與規劃自己人生又有點不謀而合？

最後，同樣是追求持續改善與進步，但筆者在自己的人生中也早已放棄追求百分之百的完美。也許是因為這是一件做不到的事情，也可能是因為我們就是必須與生命中的這些小小缺憾一起共同成長吧。

但無論如何，筆者認為獲得百分之百完美的同時，也代表著宣告放棄進步的可能性。我們不可能放棄改善與進步，但這也意謂著我們不可能達到百分之百的完美。

在追求完美的同時認知到不可能真的完美，在這種矛盾又痛苦的心態
中持續往前邁進，無論是作為 SRE 還是一個人，都是無法迴避的一種
自我辯證的過程吧？

二 ｜ 擁抱無知、面對恐懼

筆者一開始接觸軟體工程領域的時候，主要是先從程式開發面著手，雖然一開始主要學習的是後端開發的領域，卻在學習的過程中意外發現自己對於系統維運方面的熱沈，最後面試的時候則誤打誤撞之下進入了 SRE 的工作。

其實一直到現在，筆者都驚訝於 SRE 所需知識的廣度與深度。不只每個領域都要摸過，還不能都只是摸過，需要有一定程度的瞭解才可以算是實際有幫助。

正如同在〈前言〉中所提到的，本書一定程度上，也是寫給那個一開始面對這些東西時，彷徨而無助的自己吧。

系統與維運的世界無遠弗屆，終其一生也無法學完所有東西。從根本上是這樣講沒有錯，但實際上筆者在書寫這本書的當下，也充份意識到自己其實還有太多不足之處。

不過，比起最一開始那個手足無措的自己，現在筆者似乎更可以輕描淡寫地面對突發的 P0 事件了。這並非代表筆者有信心能解決所有突發的 P0 事件，但精神上的無謂消耗已經不再像以前一樣天天發生。

擁抱恐懼，接納未知，以敬畏但冷靜的心態從頭調查所有發生在面前的事件。

三 | 致謝

人生實在是個相當奇妙的旅程。筆者高中時最想念的是文學,卻在大考時因為中文分數過低而被迫放棄;雖然一直以來都熱愛創作,卻是成為工程師之後才反而獲得出版書籍的機會。有幸能夠完成此書,也算是圓了一個人生的夢想吧。

實際上在書寫本書時,筆者也同時在回顧成為 SRE 之後所做過的各種事情。在這個過程中才意識到,原來經歷過的事件確實是多到不可勝數。

就好像登山一樣,向前眺望時偶爾會感到迷茫,也常常覺得挑戰似乎永無止盡,但回頭一看才發現,原來已經走了這麼長一段路途。

正因如此,筆者打從心底感謝所有在公司協助過自己的同事與主管(無論是工程師還是產品經理)。最一開始雖然遇到了意外觸發系統告警而導致的亂流,但逐漸穩定下來後,可以真實感受到團隊其他成員的友善與技術能力的高超之處。

筆者在本書中多次提到資深前輩的協助,是因為真的是受到過太多不同人的幫助了。如果沒有他們,也許有很多問題到現在,筆者都還沒有非常清楚要怎麼處理才行。

在此也想要特別感謝剛踏入這個領域時遇到的指導老師。筆者一開始所參加的鐵人賽就是由他推薦才報名的。回顧過往，不只在學習的路上受到老師非常多的幫助，更從他身上感受到工程師對技術的熱情。無論是現在還是未來，老師都會是筆者努力學習與看齊的對象。

此外，一定要提到的就會是筆者的伴侶、家人與朋友們。半路出家轉職為工程師是一段非常辛苦的過程，要面對新領域的知識衝擊，也要時刻與內心的怪物搏命。正因為有他們的支持，筆者才免於孤單地面對這一連串的種種。能夠在他們的陪伴中越過這些挑戰，實在是一件非常幸運的事情。

寫書本身其實需要經歷一些繁瑣的流程，包含整本書的方向與時程規劃。此外，完書前夕的校稿則意料之外地困難，找錯字以及將語句修改至通順所花費的時間與精力遠遠超出原本的預期。因此，無論是最初聯繫並完成書籍規劃的編輯、還是協助幾番校稿與完書安排的編輯，或是設計精美封面和內文排版的美編，都絕對值得在此由筆者摯上深深的感謝之情。

筆者也從義務幫忙校稿和修改語句的伴侶那裡獲得許多寶貴的建議，是本書得以完成的最後一片拼圖。

最後的最後，發自內心真誠地感謝願意讀到這裡的所有讀者。透過本書，期待讓所有對這個行業有興趣的人，能夠在一窺 SRE 生活的同時，理解自己是否適合這份工作，並能更進一步對自己的人生有所幫助。

筆者也藉由回顧了過去，更清楚認識到了自己目前所在的位置，以及
未來可以進步的方向。這些都是當初所沒有預期到的。

很感謝各位讀者，如果有任何意見和想法都歡迎分享。筆者自認在書
寫的過程中獲益良多，也希望讀者能夠有所收穫。

筆者的聯絡方式：

- LinkedIn：http://www.linkedin.com/in/seaniap
- GitHub：https://github.com/FormoSeanIap
- Medium：https://medium.com/@philosophyotaku

Note